新星世

NOVACENE

The Coming Age of Hyperintelligence

北京市科学技术协会科普创作出版资金资助

即将到来的超智能时代

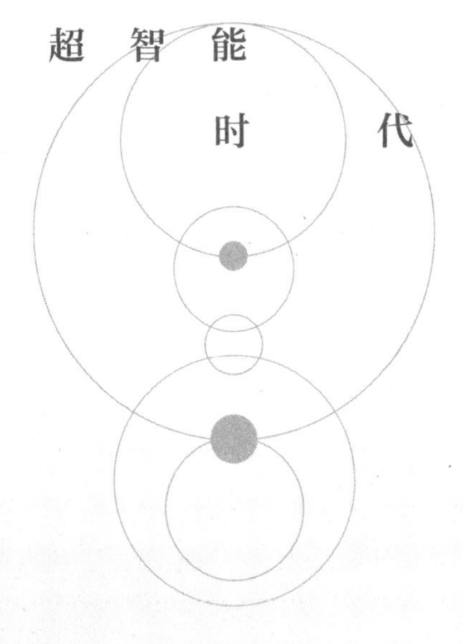

[英] James Lovelock 著

古滨河 译

高等教育出版社·北京

我们生活在古老太阳的混沌时代

——华莱士·史蒂文斯

目 录

译者前言 v

前言 ix

第一部分
我们所知晓的宇宙

1 孤独的地球 003

2 濒于灭绝的边缘 007

3 学习思考 016

4 为什么我们在这里 025

5 新知 031

第二部分

火的时代

6 托马斯·纽科门 035

7 新时代 039

8 加速 043

9 战争 047

10 城市 053

11 人满为患 057

12 热威胁 061

13 焉知祸福 071

14 欢呼 078

第三部分

迈向新星世

15 阿尔法围棋 083

16 工程新纪元 086

17 比特 092

18 超越人类 095

19 与超智能界对话 101
20 机器用爱的恩典照看一切 109
21 思维型武器 118
22 寄人篱下 125
23 有意识的宇宙 128
结束语 132

致谢 141

注释 143

索引 157

译者前言

2019年1月1日，本书的合作者布莱恩·阿普尔亚德（Bryan Appleyard）为“盖娅假说之父”詹姆斯·拉伍洛克（James Lovelock）的百岁之作《新星世：即将到来的超智能时代》撰写了前言。2020年1月1日，我在美国佛罗里达州棕榈滩完成了这部著作的初译稿，写下这篇前言。

第一次接触盖娅假说是阅读《当代生态学博论》中一篇题为《大地女神假说》的综述。《当代生态学博论》一书共有23篇综述文章，内容都在美国生态学会制订的20世纪最后10年的生态学研究计划之中。文章的绝大部分作者当时正在海外学习。《大地女神假说》是该书的第一章，作者是韩兴国博士（回国后曾担任中国科学院植物研究所所长和中国科学院沈阳应用生态研究所所长）。该书的主编是刘建国博士，现为美国密歇根州立大学蕾切尔·卡逊讲席教授，2018年当选美国人文与科学院院士。有“现代生态学之父”之称的尤金·奥德姆（Eugene Odum）教授为该书撰写了序言。有意思的是，盖娅假说的共同提出者琳·马古利斯（Lynn Margulis）教授（美国国家科学院院士）还为韩兴国博士撰写《大地女神假说》提供了资料。

大地女神假说现在称为盖娅假说或盖娅理论，盖娅（英文为Gaia）是古希腊神话中的大地之神。1993年我在佛罗里达大学做博士后，同时在哈佛大学做博士后的刘建国给我邮来《当代生态学博论》。我读了韩兴国博士这篇系统介绍盖娅假说的文章后十分震惊。传统的生态学把每个动物或植物视为有机个体。然而，在詹姆斯·拉伍洛克的盖娅假说里，整个地球是一个超个体（或超级有机体，superorganism），人类、各种生物、大气、海洋、陆地、极地冰盖都是这个超级有机体的组成部分。盖娅系统能够自我调节，维系着地球生命体系的稳定性和持续性。但是，随着太阳辐射的持续增强，加上人类大量开采和使用化石燃料，地球势必不断升温，如果不加控制的话，盖娅系统必将受损，最后将导致地球不再适合人类居住甚至影响所有生命的存在。

在詹姆斯·拉伍洛克这部新作里，他提出了一个比盖娅假说更为惊世骇俗的看法：由于科学技术的进步，尤其是人工智能的迅猛发展，地球已经走出人类世，迈入一个新时代——新星世。在新星世里，新的生命将从现有的人工智能中脱颖而出。它们的思维速度比人类快1万倍，比人类聪明千万倍。它们通过快速的有意选择而不是缓慢的自然选择自我复制、纠错和发展，成为地球的新主人。这些人工智能不像科幻小说描写的那些机器人那么残暴，它们和人类一样，也必须依赖一个健康的地球，需要盖娅的恒温系统防御来自太阳的热辐射。如果是这样的话，人类和这些高级智能可以和谐共处。但是詹姆斯·拉伍洛克又说，由于这种高级智能不需要水和氧气，它们有可能改造地球，以致地球不再适合有机生命的存在。也有可能将来由于地球过热，它们会移居到另一个星球谋求发展，把人类彻底抛弃。

詹姆斯·拉伍洛克把他提出的超级人工智能称为赛博格（cyborg），他的赛博格与原来定义的半人半机器超级智能不同，是完全由碳基或硅基构成的无机物。他在书里提到的“电子生命”和“无机生命”就是这种赛博格，与我们通常定义的生命不是一回事。詹姆斯·拉伍洛克坚信，地球从由人类主导的人类世进化到由无机智能控制的新星世，从自然选择进化到有意选择，是宇宙发展的必然结果，这个局面已经出现。到底目前的人工智能是否会发展到人类不能控制的地步？宇宙的进化是否以人类退出历史舞台，由机器人统治为最终结局？不管如何，詹姆斯·拉伍洛克在书中提出的生命与其环境是一个不可分割的整体，来自太阳的热辐射不断增加和人为造成的全球变暖问题都是威胁人类健康、发展和生存的重大问题，也是人类面临和亟须解决的全球性问题。另外，詹姆斯·拉伍洛克不相信外星人的存在，极力提倡发展清洁的核能，这些都是与众不同的观点。

希望读者通过阅读本书增加自己对地球的认识，对盖娅假说的了解，对人类科技发展尤其是人工智能的利弊的了解；为保护我们赖以生存的地球——大地女神共同努力。

译者为本书提及的重要人物和术语提供了原书没有的简单注解，以帮助读者理解作者的叙述和故事的背景。翻译过程中古羽翔和邵旭东先生对译稿提出许多修改意见，在此表示感谢。

古滨河

2020年1月1日

于佛罗里达州棕榈滩

前　言

我为能帮助詹姆斯·拉伍洛克完成也许是他的最后一部著作感到十分荣幸。我说“也许”，是因为经验告诉我，永远不要猜测吉姆（詹姆斯的昵称——译者注）接下来要做什么。尽管他已经是一位很老的人了，过着平静退休生活的人很少有什么远大理想，但是他在给我的电子邮件里承认，他的大脑仍然时时冒出新的主意。

“我快100岁了，心有余而力不足。就像跑马拉松，我知道面临最后一个陡坡的痛苦。我打算停下来，让年轻选手完成赛程。”

看到这里我不禁大笑起来。首先，很难找到一个可以取代吉姆的年轻人。其次，我根本不相信他的话。他永远有可能再出一部新作，正如他总会有新的想法、新的展望和新的思维。和他一起创作这部著作时，我不得不经常建议他停止思考，把精力集中在观点的诠释上，不然的话，这项任务将永远无法完成。

吉姆的想象力既出人意料又尖锐警觉。有一次他出席一个晚宴，静静地坐在一群非常睿智和认真的宾客旁边。吉姆突然插进一句，就把他们刚刚讨论的结果彻底推翻，在场的人都目瞪口呆。当人们异口同声地赞同他的观点时，他总是产生怀疑——“什么地方错了？”他问道。他总是期待对方对他的观点提出反驳和不同看法。他坚持认为科学具有内在的不确定性。这种严谨的治学风格使得他的观点虽然不断受到质疑，却依然坚不可摧。他认为所有的科学家都应该这样思考和工作，但是许多人并非如此。这就是近年来吉姆把自己称为工程师的原因。

第一次接触吉姆的人可能会觉得他难以理解。多年前我在他科姆磨坊（Coombe Mill）的实验室里和他初次相见，无法理解他的思维。我当时在想，我是不是掉进了一个完全颠覆我认知的镜花水月世界了。他向我解释盖娅假说，但我没有领悟他的观点，或许正如他在这部新作里所提到的那样，盖娅假说在常规的逻辑上难以自圆其说，不是因为假说的细节太复杂，而是因为它的核心内容太纯真简朴。生命和地球是一个相互作用的整体，可以视为一个有机体，这个解释明白了当。一旦我理解这点，我甚至盲目乐观地认为没有人会反对盖娅假说。但事实上，那时候真的没有人支持吉姆的新见解。有些人至今还持怀疑态度，有些盖娅主义者则伪装成反对派。但是，大多数人承认，吉姆的盖娅假说永远地改变了他们对生命和地球的认知。

人们常常推崇“箱外思考”（thinking outside the box），但是很少有人像吉姆那样认为“无箱思考”（thinking no box）更有价值。他在医学和化学领域均建树颇丰，而且对其他学科也无所不晓。他是科学体制的局外人，一个特立独行的人，但是这并不妨碍他在科学领域里取得成功。他被选入英国皇家学会是基于在以下领域内的杰出贡献：呼吸道感染、空气消毒、凝血、活细胞冷冻、人工授精和气相色谱法等。

1974年吉姆当选为皇家学会会员时，也简单地提到他对气候科学和外星人存在可能性的探索。吉姆也有能力发明和制造自己的仪器设备，特别是革命性的电子捕获探测器和微波炉。在为英国情报部门服务期间，他还发明了无数的秘密装置。

在向我们介绍完他的女神论著《盖娅：地球生命新视野》40年后，吉姆提出了一个同样惊世骇俗和激进的新观点。“新星世”是吉姆给地球构想的一个全新的地质年代，它即将代替始于1712年、正在走向尾声的人类世。在人类世期间，人类获得了改变整个行星地表环境和生态系统的能力。在这个吉姆认为可能已经悄然拉开了帷幕的新星世，科学技术超出了人类的掌控，人工智能比人类更强大，而且更重要的是，它们比人类更迅速。这种情况是如何发生的，对我们来说又意味着什么，读者将从本书中找到答案。

这种智能绝非充斥于各类科幻小说和电影中的暴力机器。相反，人类将和机器联手维系双方所需的盖娅，亦即地球——一个有生命的星球。吉姆在一封给我的电子邮件里写道：“在我看来，重要的概念是生命本身，或许因为这个理由，我把地球看作生命的一种形态。只要自然界的各个组分拥有共同目标，它们就没有那么重要。”“生命”的概念包含了知识和能够洞察与反思宇宙本质的生物的全部可能性。无论是继续与自己创造的电子生命共存，还是被它们取代，我们都应当在这个宇宙的自我认知过程中担当起重要的角色。

吉姆不是人类中心主义者，他不把人类视为超级生命、造物的顶峰和中心，这个观点隐藏在盖娅假说里。懂得盖娅假说的人都清楚：生物圈拥有自己本身的生存价值，这种价值远远高于任何人类主义价值。显然，如果将来生命和知识全部电子化，那也无话可说，因为人类已经表演完毕，更新的和更年轻的演员正在闪亮登场。

最后，介绍一下吉姆在本书中使用的一些词汇。关于宇宙，他使用“cosmos”而不是“universe”。他认为“cosmos”代表我们能够感知和看见的一切，而“universe”包括我们已知和未知的更大空间。他用“赛博格”来表示新星世里的智能电子生命。在一般的用法里，赛博格指的是半人半机器的实体。但是吉姆认为自己的定义更为准确，因为他所定义的赛博格和有机生命同是达尔文自然选择的产物。这是人类与赛博格的共同点，人类或许是赛博格的双亲，但是赛博格将不是我们的孩子。

吉姆用歉意和夸张的感叹结束了最近的一封邮件：“现在看来，这部著作包含的内容是远远足够了。”当时可能是足够了，但是，也许对詹姆斯·拉伍洛克来说还不够，因为他做的和他所求的，永远会更多。

布莱恩·阿普尔亚德

2019年1月1日

第 一 部 分

我们所知晓的宇宙

1

孤独的地球

我们的宇宙形成于138亿年前，地球形成于45亿年前，最早的生命出现在37亿年前，人类物种（智人）仅出现在30多万年前。哥白尼[1]、开普勒[2]、伽利略[3]和牛顿[4]相继在过去的500年来到世上，宇宙的文明史仅仅是一瞬间。只有当人类发明了望远镜并用于观察清晰夜空里扑朔迷离的景象时，宇宙才从漫长的沉睡中苏醒过来。

还有其他星球苏醒了吗？有关外星人的文学作品和电影数不胜数，人类乐于相信地外文明的存在。我们的宇宙可能拥有2万亿个星系，一个星系有1000亿颗恒星。难以想象地球是唯一一个拥有生命的行星。有些人认为，围绕着这些天体运转的行星多达1000万亿个，肯定至少有一个拥有高级智慧生物。这些外星人和我们一样，它们不仅了解自己的宇宙，甚至能感知另一个完全不同的宇宙的存在。

我却认为这是不可能的。这些天文数字误导了我们。自然选择漫无目的的进化方式耗费了37亿年的时间——接近宇宙年龄的1/3，才从第一个原始生命进化出一个智慧生物。更进一步说，如果太阳系的进化需要更多的时间，例如10亿年，我们就不可能在这里讨论地外文明是否存在，也没有时间去获取技术应付来自太阳的不断加热。从这点出发，我们可以清楚地意识到，尽管宇宙寿命很长，但是依然没有足够的时间通过一连串低概率事件再次孕育出智慧生物。人类的存在是一个不寻常的个别事件。

我们的星球已经衰老。奇怪的是，地球的寿命比人类的寿命更容易理解。我们还不知道为什么人类一般最多只能活到110岁，而老鼠只能活1岁左右。个体大小决定不了寿命的长短，有些小鸟的寿命与人类的寿命相差无几。相比之下，一个行星的寿命可以轻易地用为它提供热能的恒星的特性计算出来。

天文学家把太阳称为主序星。太阳赐予了我们生命与维系生命的能量。尽管人的一生危机四伏，温暖和持恒的太阳却慰藉着我们。正如敢于直言的作家乔治·奥威尔[5]于1964年在他的《春蟾畅想曲》里写道："工厂里堆满了原子弹，城里有警察到处巡逻，高音喇叭里谎言飞溅，只有地球依然围绕着太阳转动……"

但是，太阳这位伟大的善者也很凶狠。随着主序星的年龄增长，它的亮度慢慢地增加。太阳的不断升温威胁着地球上的生命。到目前为止，地球上的生命一直被一个行星系统保护着，她能够吸收热能，降低地球表面的温度，我把这个系统称为盖娅。

地球升温使得地球不再适宜人类生存的主要原因有好几个。如果没有植物吸收二氧化碳，地表温度不可能是现在的水平，温室效应将愈演愈烈。发生在我们身边的例子俯首可拾。如果你在一个热天，分别在一个石头房顶和一棵针叶树附近测量温度，你会发现房顶的温度比树旁的温度要高出40°C。这是因为树木能通过蒸发水分降温。海洋表层也凉快，因为在水里的生物把水温保持在15°C以下。超出这个温度范围，海洋生命将全部死亡。太阳能被海水吸收后，水温随之上升。

地球已经年迈体弱，盖娅必须继续为她散热。像我这样上了年纪的人身体非常虚弱，盖娅亦是如此。年迈的她会因为少许冲击而土崩瓦解，而在年轻的时候，或许这根本微不足道。

我相信，只有地球孕育了有能力感知宇宙的生物。同时我也相信，地球生物的生存正在受到严重威胁。人类是独一无二受到造物主恩宠的物种，正是因为如此，我们应该珍惜生命的每一刻。现在我们更应该珍惜这些时光，因为我们作为唯一能够洞察宇宙真理的霸主，或许已经来日无多了。

2

濒于灭绝的边缘

我并不是说我们所有人将在几年之内统统死去——尽管这个可能性存在。人类永远面临灭绝的危险。人类是一群十分脆弱的智慧生物，战战兢兢地依存在地球这个唯一的家园。

正如6500万年前恐龙统治的终结那样，小行星撞击可以毁灭我们赖以生存的生物圈。月球和地球的姐妹——火星表面深坑密布，几乎可以肯定是岩石撞击的结果。我们有充分的理由相信，地球也曾经遭遇过无数的小行星撞击。只是地球表面大部分被海洋覆盖，小行星撞击造成的深坑只能在陆地被发现，而且陆地上许多深坑已经被无休无止的雨水抚平。尽管如此，如果你像地质工作者那样小心地察看岩石表面，就会发现许多撞击的痕迹。有些撞击留下的大坑直径达200英里[6]。

比小行星撞击更大的灾难是火山爆发。2.52亿年前的一次火山喷发把地球从二叠纪推进三叠纪。据推测，火山爆发时大量岩浆流出，形成了著名的西伯利亚暗色岩带。这次火山爆发事件被称为“大死亡”（或二叠纪大灭绝[7]——译者注）——90%的海洋物种和70%的陆地物种遭到灭顶之灾。3000万年后，生态系统才恢复过来。

这是很久以前发生的事件，但是我们不能对此掉以轻心。7.4万年前，在印度尼西亚发生了一次巨大的火山爆发，这次爆发导致多巴湖（Lake Toba）的形成，引发全球范围的降温（史称“火山冬天”，the volcanic winter）以及大量人口死亡，有估计称，全球只有几千人幸存下来。更近的事件发生在1815年，也是在印度尼西亚，坦博拉火山爆发，天空被火山灰覆盖，导致全球范围骤然降温。据说玛丽·雪莱[8]的小说《弗兰肯斯坦》和诗人拜伦[9]令人不寒而栗的诗作《黑暗》就是从这场遮天蔽日的火山爆发中获得灵感的。拜伦爵士的诗最后几句是：“凝滞的气流里，风也断绝/烟消云散，他们留存无益/因为黑暗便是宇宙自己。”诗人揭示了我们赖以生存的宇宙的脆弱。即使另一个类似的灾难事件不能导致人类灭绝，但也有可能摧毁我们的文明，使人类社会倒退回石器时代。万一人类遭此厄运，我们就无暇进一步探索宇宙了。

有些风险是能够降低的。多亏我们的聪明才智，现在人类拥有的火箭或核武器能够改变撞向地球的小行星的轨道。拥有这些技术是人类的骄傲。到目前为止，人类暂时成功地避免了使用这些武器毁灭自己。如果我们在国际上达成共识，携手研制一种可携带小行星转向器的运载火箭。这样一来，地球将会成为太阳系首个拥有这种能力的星球，不仅可以事先预测来袭的小行星，而且有能力使其转向以避免灾难。在人类迈向宇宙的进程中，这是一个重大突破。

并非所有的救赎计划都这样充满希望。现在的媒体和激进分子不时会提起一个相当疯狂的计划。那就是当人类面临灭绝的威胁时，将火星作为一个挽救人类的避难所。他们假设火星的表面与撒哈拉沙漠和澳大利亚沙漠没有多大区别。在火星上我们只需要像美国的凤凰城和拉斯维加斯那样在地下蓄水层上面打个井，然后我们就可以在火星上安居乐业，到处都是赌场、高尔夫球场和游泳池。

不幸的是，无人探测飞船反馈回来的信息告诉我们，任何已知的地球生命都难以在火星的沙漠上生存。火星的大气层厚度是珠穆朗玛峰顶的1%，完全不能抵御宇宙射线或太阳紫外线辐射。火星稀薄的大气里99%是二氧化碳，不能供人类呼吸。那里有极少量的水，而且盐度与死海相当，不能作为饮用水。宇航先锋和未来的太空人埃隆·马斯克[10]说他愿意终老在火星上，但这是他一厢情愿的想法，因为火星恶劣的自然环境极其容易造成意外伤亡。

如果那些亿万富翁愿意花上一半的钱做星际旅行的话，或许可以在火星建造一个与世隔绝的小单间，剩下的钱可以建造和维护一个太空舱。但是遇到灾难时，他们也不能逃脱。其实，富人们可以把他们的囚室建在南极的冰盖上，那里比火星的残酷环境好多了，起码南极有新鲜的空气。

在了解地球真实情况之前提出那些冒险计划是极不负责任的。在火星上寻找渺小的宜居绿洲的计划耗费巨大。只要把很小一部分宇宙探险的经费用在研究地球上，人类将获得许多极有价值的数据。我们不能忘记我们赖以生存的地球。有关地球的信息当然没有来自火星的信息那样令人兴奋，但是这些信息或许能够确保我们的生存。

为了人类可以继续生存和探索宇宙，我们应该了解地球哪些方面呢？我们必须把注意力集中在热能上。热能也许是对我们的家园和生存最大的威胁。

我将在接下来的章节进一步探讨热能的话题，但是我想在这里简单概括几点。首先，近年来人类陆陆续续发现了成千上万颗位于太阳系以外的系外行星。这个发现不仅仅在天文学家之中，而且在普罗大众之中都引起了极大的关注。许多人开始猜测，我们是否即将找到地外高级有机生命存在的证据。但是我觉得这些人是不是过于以人类为中心了。寻找外星人，我们首先要了解有机生命和电子生命星球的区别。电子生命从有机生命进化而来，这是本书讨论的主题。比人类更高级的文明很可能就是电子文明。所以，把探索宇宙文明冀望于发现个子矮小、大脑袋上长有一双大而斜眼睛的外星人是毫无意义的。

其次，系外行星是否适宜人类居住主要是温度问题。令人振奋的是，最近发现一些星球位于人类的“可居区”，这种可居区有时叫作“金发姑娘区”[11]：就像西方童话中金发姑娘的稀饭，不冷不热刚好。金发姑娘星球离主序星距离适当，刚好能够孕育生命：不是冰的世界，也不是大火炉。

正如我所说过的，我不认为系外行星有智能生命存在。但是现在，让我们假定有智能生命存在，而且和我们一样，它们也正在寻找可居星球。外星的天文学家首先会排除太阳系的水星和金星，因为它们离太阳太近；外星人也会以同样的理由排除地球，最后把火星视作唯一的选择。

地球吸收和释放大量热能，外星人不可能把地球视为可居区。研究太阳系的外星天文学家被地球表面的高温迷惑了。从外太空看，地球的温度比金星高而不是低。但是地球与太阳的距离比金星与太阳的距离远了30%。与金星相比，地球的大气层只包含很少量的二氧化碳，所以地球的实际温度比金星高。为了和太阳保持热平衡，地球必须向外辐射更多的热能，这些热能以长波红外线的形式释放，使得太空边缘的大气上层变热，同时保持地球表面相对冷却。

我认为可居区的想法有很大纰漏。这个想法没有考虑到有生命的星球也会像地球一样，会改造自身的环境与气候使其适合生命的繁衍。在寻找外星生命的过程中，我们错误地认为目前的地球环境只不过是地质构造的偶然结果，导致大量的宝贵时间付之东流。事实真相是，地球的环境已经发生了巨大变化，变得更适合人类居住。调节来自太阳的热能的是生命。如果生命被从地球请出去，地球将因为变得太热而失去可居性。

我们是恒星太阳的后裔，太阳为我们提供能量，但是我们的生存同时受到太阳的威胁。这个恒星是一个非常普通、个头不大、已经步入中年的宇宙体，是一个50亿岁的主序星。在太阳深处的白热区，氢不断地熔合聚变为氦，如同煤在氧气中燃烧生成二氧化碳。二氧化碳和氦都是温室气体，前者使地球升温，后者使太阳升温。太阳的内部会因为核聚变变得越来越热，核聚变的速率也会因此加快，这些额外的热能会使得太阳不断膨胀，太阳的表层同时会释放更多热能，从而使得地球升温。太阳对外输出的热能不断增加，50亿年后变成一颗红巨星，慢慢地把包括地球在内的内行星一并吞噬。

到目前为止，太阳的升温过程相当缓慢，尽管生物进化需要数百万年，它们的时间还是相当充裕的。但不幸的是，太阳已经过热，不利于将来地球生命的延续。我们的恒星目前的热能输出已经超过太古宙时代（40亿～25亿年之前）从简单的化学物质进化所允许的温度。如果现在生命从地球消失，再也没有重新出现的可能。

但这个不是最迫切的问题。太阳释放的热能与日俱增，这才是最大的威胁。在过去的35亿年里，太阳能的输出已经上升了20%，这足以把地表温度升至50°C，同时会引发不可逆转的足以灭绝所有生命的温室效应。

但是这个灾难并没有发生。诚然，历史上也有过温暖时期和寒冷时期，但是整个地表的平均温度一直都维持在15°C左右，上下波动幅度未曾超过5°C。

正是盖娅的努力，才使得地球的温度没有发生剧烈的波动。在希腊神话里，盖娅是大地女神。50年前，我采纳小说家威廉·戈尔丁[12]的建议，把我的理论冠以盖娅的名字。这个理论认为，自从生命出现在地球上，它们一直在改变地球的环境。这是一个复杂的多维过程，难以一言蔽之，但可以用简单的计算机模型描述。这个模型叫雏菊世界，是我与大气科学家安德鲁·沃森（Andrew Watson）开发的，描述模型的论文发表于1983年。

以下是雏菊世界模型结果：一颗类似太阳的主序星不断向一颗名叫雏菊世界的行星辐射热能，在行星获得了足够的热能后，一种名为黑菊的物种占据了整个星球。黑菊吸收来自主序星的热能，使得自己能在适宜的低温环境下繁盛。但是黑菊的一个突变种——白菊，具有反射热能的能力，随着星球温度进一步上升，白菊繁盛。在雏菊世界里，白菊把温度降低，黑菊把温度提高。一种简单的花卉植物也能在星球范围里调节和稳定环境。更重要的是，这种稳态的出现严格遵循达尔文的进化过程。

把这个模型扩展到地球上所有的动植物，这就是我的盖娅系统。但是由于盖娅系统的高度复杂性，我们无法将这个模型任意扩展。我们至今还不能完全了解盖娅的复杂系统，或许因为人类就是她不可分离的一部分的缘故。我怀疑，我们过分依赖语言和逻辑思维而忽视了直觉思维。在人类探索未知世界的时候，直觉思维常常能发挥更为重要的作用。

简而言之，由于我们不能左右外在的力量，人类随时有可能遭遇灭顶之灾。但我们可以学习思考，实行自我救赎。

3

学　习　思　考

解释盖娅不是一件易事，因为盖娅是基于直觉、来自内心和潜意识的概念，与科学家惯用的循序渐进的逻辑推理所形成的概念大相径庭。动态和自我调节的系统与分步论证形成鲜明的对比。我无法为盖娅的存在给出逻辑上的证明。无论如何，对我而言，有关盖娅存在的证据确凿，读者可以在我的著作和论文里找到详细的介绍。

盖娅理论表明，整个地球是一个有机生命体。我的直觉告诉我这个观点是正确的，但也常常受到批评。有人指出，地球不可能是一个活的有机体，因为她不能繁殖。我的回答是，一个40亿年的有机体不需要繁殖。我也应该说，如果那些其实不存在的外星人发现地球的大气层里有一枚反小行星火箭，它们会做出正确的判断：火箭是地球发射的。更准确地说，火箭是盖娅发射的。但是，如果它们认为，由于地球过于靠近太阳，不断辐射热能的地球不可能存在生命，就大错特错了。热辐射是盖娅产生的，正是盖娅把多余的热能从地球释放出去，从而保护了生命。为了盖娅，我们必须改变思维方式。

年轻时，我接受“宇宙是因果关系直接产生的系统”的传统科学观。A产生B，然后B产生C。那个时候我对盖娅没有足够的关注。A产生B的思考方式是一维和线性的，而现实世界是多维和非线性的。只要我们回顾一下自己的人生经历，就知道把世间诸事视为简单的因果关系是多么的荒谬。

基础工程学也有类似的例子。就以18世纪詹姆斯·瓦特[13]发明的蒸汽机车调速器为例，这是一个控制机车速度的解决方案。这种调速器利用蒸汽机带动一根竖直的轴转动，这根轴的顶端有两根铰接的等长细杆，细杆另一端各有一个金属球。当蒸汽机转动过快时，竖轴也转动加快，两个金属小球在离心力作用下，由于转动快而升高，这时通过与小球连接的细杆便将蒸汽阀门关小，蒸汽机的转速也随之降低。反之，若蒸汽机的转速过慢，则竖轴转动慢了，小球的位置便也下降，这时细杆便将阀门开大，从而使蒸汽机转速加快。无论是机车上坡或是下坡，这个装置都起到稳定和维持机车速度的作用。火车司机只需设定一个速度，剩下的工作交给调速器就行。

您可能认为这个装置设计简单、明白易懂和十分聪明，但仅此而已。我请您再认真想想，能否解释一下这个调速器是如何工作的。19世纪最伟大的物理学家詹姆斯·麦克斯韦[14]在提交给皇家学会的报告里说，他花了三个通宵也想不通这个调速器的工作原理。

经典逻辑学作为一门可以追溯到亚里士多德[15]时代、被视为科学与人文基石的重要学科，居然完全不能解释蒸汽机车调速器这个简单的系统。不仅如此，它也不能解释动物或盖娅对自身的温度调节过程。

我们在这方面犯错是因为我们太过遵从传统的推理思维方式。人类的语言和思维都具有片面性，书写与阅读的过程会导致认知的分裂。我们的朋友和爱人是一个个整体。但是有时为了了解他们的身体状况或为了治病，我们也会进一步了解他们的肝脏、肌肤和血液等。我们知道他们不仅仅是身体全部器官的总和。

依我看来，语言的逻辑是按一步一步的线性顺序展开的，是解决静态问题的一个很好的方法，而且被实践证明非常有效。弗雷格[16]、罗素[17]、维特根斯坦[18]和波普尔[19]等逻辑大师使用这个方法对我们的世界做出了综合的诠释。

言归正传，关于盖娅问题，我曾经与西方的进化生物学家展开过漫长的辩论，虽然这些接二连三的辩论目的并不一致。一开始我就将盖娅定义为一个动态系统，我从内心知道这种系统不能用线性逻辑解释，但是我也不知道原因何在。我非常熟悉可以动态操作的科学仪器，或许这触发了我的灵感。还有一个重要的原因是，从1941年起，我就在国家医学研究所生理部工作。那里的研究人员都是系统科学家。对于动态系统应该采用非线性的思维方式，年轻的我就开始接纳这种观点。

在说英语的国家里，许多地球和生命科学家不接受盖娅假说。欧洲的科学家则比较开放。1972年，我把第一篇比较详尽介绍盖娅假说的论文投到瑞典的刊物《地球》，著名的瑞典科学家伯特·伯林和欧洲地球物理联合会的其他会员确保稿件获得公正的审查。最近，杰出的法国学者布鲁诺·拉图尔宣布支持盖娅假说，认为盖娅假说是伽利略的太阳系论的自然延续。伽利略认为，太阳系是一系列围绕着太阳运转的岩石星球的总和。伽利略强调太阳系行星的相似性十分重要，盖娅假说的观点则认为对比其他星球，地球是独一无二的。

除少数例外，围绕盖娅的争论是温和的。科学争论必须尊重彼此拥有不同观点的权利。值得注意的是，若我一直依靠资助进行科学研究，就不可能提出盖娅假说。实际上所有费用，包括我的收入和差旅，来自机构和企业付给我解决技术难题的所得。学术界几乎都比较循规蹈矩，就像伽利略时代的教堂。我感到莫名其妙的是，如此多的优秀科学家强迫自己用经典逻辑解释无法解释的现象，当然死抱着宗教经典的牧师就更多了。

正如牛顿很久以前所发现的，逻辑思维不适用于解决动态系统的问题。尤其那些随着时间的推移发生变化的问题。很简单，您无法通过因果逻辑解释许多日常生活里的事情。我们大多数人，尤其是妇女，一直都知道这一点。

在 17 世纪，在剑桥三一学院这个充斥着保守氛围的地方，牛顿依然对许多重大的科学发现做出了贡献。他伪装成经典学者，聪明地把动态系统逻辑转换为微积分。从那以后，其他热爱数学的科学家也仿效牛顿，发明了许多解决动态系统存在的难题的方法。

这些物理学家现在从事量子计算机研究。如同那些工程师和生理学家，他们也从事量子理论方面的应用研究。他们是否凭直觉认识到，尽管他们的创造和发明是真实存在的，但是他们无从解释这些机器是如何运作的，他们所能做的就是描述。

我也想知道牛顿、伽利略、拉普拉斯[20]、傅里叶[21]、庞加莱[22]、普朗克[23]等伟大的思想家，是否拥有与教堂建筑师类似的直觉思维。那时候的建筑师没有滑尺，但也能设计出美丽、平衡、坚固而且可以持续几个世纪的支柱。下次您开车驶过 1 英里长的吊桥时或在 4 万英尺[24]高空飞行时，请记住桥梁和飞机的设计来自很不符合逻辑的数学。工程师所做的不过是瞒天过海，他们看似在掌控系统的全局，实则只是将既有的蓝图描绘出来。

我使用了这种瞒天过海的技巧，尝试将非逻辑的数学工具套用在生态系统上。但到目前为止几乎没有人使用。我于1992年在《皇家学会哲学学报》上发表了一篇论文。这篇论文是建立在生物物理学家阿尔弗雷德·洛特卡[25]的观点之上的。他建议在为多物种的生态系统建立模型时，应该把物理环境变量包括进去。这个出人意料的观点也正好适用于盖娅。

在语言和文字产生之前，人类与动物都凭直觉思考。假想您在乡间散步的时候，不知不觉走到了悬崖边上，悬崖是那么高陡，以至再走几步就肯定摔死。在这千钧一发的紧急关头，您的大脑会在几毫秒内分析眼前的情况并做出本能的预警，使得您停下脚步。最近的研究表明，从大脑感知到危机直到身体做出本能反应的过程只需要40毫秒，我们还意识不到这是一个悬崖，脚步就已经停下。换句话说是直觉救了您的命，对于悬崖与危险的理性认识并不能让您死里逃生。当直觉思维受到诋毁的时候，人类文明就一落千丈。抛弃了直觉思维的人类将走向灭亡。正如爱因斯坦[26]所说："直觉的头脑是神圣的礼物，理性的头脑是忠实的仆人。我们创造了一个尊重仆人、遗忘礼物的社会。"

崇尚逻辑而轻视直觉，这一切可能源于妇女的见解得不到接纳。不知从何时起，男人开始把不合意的观点称为"妇人之见"。我怀疑在人类从狩猎和采集文明转化为城市文明的时候，就已经产生了这种思想。它当然已嵌入古希腊哲学中。苏格拉底[27]说过"城墙外无趣事"，这句话用于描述城市生活再适合不过。人类确实建造了辉煌的理性王国，但是过于侧重理性思维而轻视直觉思维，奢望辩论和争吵能解决一切问题，这是要付出代价的。苏格拉底就是因为热衷于争辩而丢了性命。

因此，潜意识可以在40毫秒内感知到危险，这对于自觉意识而言太短暂了。而且，在这转瞬即逝的潜意识中，我们的大脑还能本能地命令肌肉做出反应。人类选择了这种进化方式，以避开那些更快更强的掠食者。

科学永远是不确定或不精确的，我们只能尽量将知识以可能性的方式表达。我们必须认识到，人类仍是一种原始的生物，宇宙尚有大量奥秘等待人类去探索，但有很多未知至今无法理解，说不定永远也无法理解。

由于人类在狩猎–采集期间已经对了解自然事件的确定性产生了强烈的渴望，我们收集有关世界和宇宙的信息很可能受到宗教信仰和政治观念的影响。但我认为这无关紧要，因为随着智慧的积累，我们将不难找到埋藏在淤泥中的瑰宝。

因果逻辑常常具有误导性，子虚乌有的火神星就是一个典型的反面教材。19世纪初，科学家在观测中发现，水星的轨道比起太阳系的其他行星的轨道显得异常。如果轨道的偏差确有其事，则意味着牛顿的行星运动定律是错误的。与其接受如此令人不安的可能性，科学家只好根据牛顿的行星运动定律，假想了火神星的存在，并假设它的运转轨迹比水星更靠近太阳，它的质量足以造成水星的运转轨道偏差。

将近一个世纪后，爱因斯坦提出，水星轨道的偏差是太阳巨大质量造成相对的时空扭曲的结果。天文学家仍然接受牛顿定律，但是他们意识到牛顿定律已经不再适用于解释强引力区域。

这个例子说明，对因果逻辑的死搬硬套很可能会造成天大的笑话。在思考火神星的问题时，我正沿着多塞特郡海岸散步，把目光投向西边的大海。天空变得越来越黑，太阳已经低于西海岸的地平线。我看见水星在地平线附近闪烁着。在北纬52°，这是一个难得一见的奇观。我想知道，假如火神星真的存在，有人看到过它吗？还是它一直隐藏在太阳的光辉里？我们生于斯长于斯，只能看见视线范围内的景物。但是凭借着直觉思维，我们现在知道的远远超过了我们所能看到的。

4

为什么我们在这里

在道格拉斯·亚当斯[28]的《银河系漫游指南》中，聪明的海豚在地球被摧毁之前得以离开。它们对全人类的告别词是："再见，谢谢所有的鱼。"这个笑话很酷，因为它过于真实和令人不安，听起来不仅仅是一个笑话。我们知道鲸鱼、章鱼和黑猩猩都很聪明，但它们是怎么思考的？它们如何利用自己的智慧？也许它们像海豚一样，把我们视为肮脏而愚蠢的物种，唯一有用之处是给它们提供食物。

亚当斯戏剧性地把海豚的想法表现了出来，它们不仅感受到地球的灭顶之灾，而且想办法逃离了地球。我不会把海豚的智力看得那么高。对我来说，无论其他动物多么聪明，人类智能和动物智能的区别就在于人类能够分析和预测世界。在人类世，这一点表现为人类对地表环境的改造。我相信只有人类能够做到这一点，只有人类才能唤醒宇宙。

因此，人类灭绝对人类和宇宙都是坏消息。假如我的猜测是正确的，人类是宇宙唯一的智能生物。那么地球上生命的终结将意味着一切认知和理解的终结，宇宙将一睡不醒。

20世纪30年代，我还是一位在校学生。那时，大多数英国人都相信上帝的存在，宗教早已成为生活的一部分，许多人认为人类是天选之民。现在，神不再具有至高无上的地位，我们仍然会认为人类是天之骄子吗?

别人可能不会，但我会。也许因为我是贵格会教徒，我没有机械地接受传统的宗教观点。我接受来自宗教的大部分智慧，但不一定接受宗教故事的真实性。我现在认为，人类是天选之民的宗教观包含着关于宇宙的深刻真理。这种思想首先受到两位宇宙学家约翰·巴罗[29]和弗兰克·蒂普勒[30]在1986年出版的《人择宇宙原则》[31]一书的启发。

巴罗和蒂普勒的书给我的第一个影响是，我对因果关系的科学原理产生了极大的怀疑。我后来才意识到，我从未真正成为过一个纯粹的科学家，我的所作所为不过是一名工程师。我所有的发明都基于工程原理，虽然我一直认为只有科学证明行得通，我的创造发明才能行得通。工程师从实际出发，而不是从科学原理出发。1961年，我收到美国国家航空航天局的信，他们邀请我参加“勘测者号”（Surveyor）首次登月的准备工作。“勘测者号”预计两年后在月球软着陆。我的任务是设计一个体积尽量小的气相色谱仪。虽然我还不知道具体的方案，但是我的直觉告诉我一定能胜任这个任务。

这本书对我的第二个影响是，我意识到人类确实是天选之民。巴罗和蒂普勒的观点从人择宇宙原则出发。这听起来像是纯哲学，但实际上它具有重要的科学内涵。它以最基本的形式提出简单的反思。巴罗和蒂普勒认为，欲要认识宇宙，我们必须假定这个宇宙能够产生像人类一样的智能生命。换句话说，我们不能猜想这个宇宙过于年轻，或者充满了致命的辐射，或者地球从不存在。我们的理论必须基于人类已经存在这个事实，否则我们不可能坐在这里提出这些猜想。

实事求是地说，任何关于宇宙的观点都不能不承认智能生命的存在，没有这些智能生命就没有对宇宙的认知。例如，我们知道宇宙的寿命超过100万年，因为它的进化比智慧生物的进化所需要的时间更长。这意味着我们的存在时间限制了我们对宇宙的了解。这个观点是有争议的，因为有人认为这个观点平庸而没有新意。但是我不同意这个说法。

巴罗和蒂普勒进一步指出，当我们认真地研究宇宙时发现，宇宙的条件非常适合人类进化。如果许多物理常数有一点点不同的话，我们将不存在。也许人类是不能用常理解释的幸运儿，也许人类是众多机缘巧合的最终产物。但是这个解释没有说服力。

有人说这种善意的巧合是上帝创造的。不然我们怎么解释这种违反科学常理的现象呢？其次，我们可以争辩说存在着许多宇宙。人类不过处在其中一个智慧生物可以出现的宇宙，没有什么神奇之处。这种“多元宇宙”理论是神秘的量子理论的解释之一。在茫茫数十亿个宇宙里，偶尔有一个宇宙产生了生命也是正常的，其他的宇宙继续保持沉默，没有知觉和不为人知。在我看来，这不过是一种自我安慰的说辞，因为这个理论既不能被证明也不能被证伪。

但是巴罗和蒂普勒提供了第三种选择。也许信息是宇宙的固有属性，为此智能生命必然存在。根据这个理论，人类是真正的天选之民，是宇宙用来理解自己的工具。

因此，我们可以说宇宙的目的是创造并维持智慧生命吗?这个结论听上去像是某种宗教言论。但是,我相信这个结论不是基于宗教理由,而是基于我对真理的深信不疑。捷克斯洛伐克和后来的捷克共和国的杰出领导人瓦茨拉夫·哈维尔于2003年在费城获得自由奖时指出,人择宇宙原则和盖娅假说为人类的未来指明了方向。他将这两者相提并论是正确的,而且是非常真实的。

宇宙是如何从大爆炸演化至今的,思考这个问题的时候我总会深受感动。首先,大爆炸产生了轻元素,这些轻元素组成了最早的星体和星系。在长达数十亿年的时间里,生命元素逐渐积累,恒星与行星也形成了系统,最终在行星上产生了第一个活细胞。再过了40亿年,既是可能也是必然,生物进化导致动物的出现,最终是人类的出现。生命可能以另一种方式诞生吗?巴罗和蒂普勒的回答是否定的。而人类的出现可能只是整个宇宙获得意识过程的开始。

新的无神论者和他们的追随者走向了一个极端,他们把真理连同孕育真理的神话一起扔掉了。他们不喜欢宗教,却没有看到宗教真理的内在核心。我认为人类是天选之民,但这并不是上帝或是某个组织所为。相反,人类是一个被自然选择的物种,一个因为智慧而被选择的物种。

在这一点上，我们可能会被卷入关于量子理论的似是而非的讨论中。量子世界太小，却引来了太多各执一词的争论。巴罗和蒂普勒提出的人择宇宙原则可能是最久经考验的宗教概念。然而，要接受我们确实是天选之民这个观点，并不需要我们了解量子力学的概念。人类的独一无二使得我们自信而不自负，因为人类肩负着巨大的责任。试着把人类想象成最初的光合生物吧。那些原始的单细胞生物在不知不觉中发现了如何利用太阳光能来制造子孙后代所需的食物，同时释放出了至关重要的氧气（虽然氧气对许多生命来说是有毒的）。没有这些原始的单细胞生物，地球就不可能进化出更高级的生命。我认为，人类的出现正如30亿年前光合生物的出现一样，是生命进化的重要一环。

我们可以收集阳光并利用其能量来捕获和存储信息，我们应该为此感到自豪。正如我将在后面解释的那样，这是宇宙的一种基本特性。但宇宙要求我们明智地使用这些礼物。我们必须确保所有生命在地球上持续发展，以便我们和盖娅可以面对不断增加的威胁。

在所有受益于太阳能的物种中，只有人类具有把光子转换成信息的能力，这些信息又能进一步促进人类的进化。人类得到的奖励是了解宇宙和我们自己的机会。

5

新　知

但是，如上所述，人类作为宇宙唯一智能生命的超然地位即将走向终结，然而我们应该坦然面对。刚刚开始的革命可以理解为地球培育宇宙理解者这一过程的延续，这个过程将会使得宇宙获得更高级的文明。但是，从这场革命性的运动中脱颖而出的不是人类，而是宇宙未来的理解者，也就是我所说的"赛博格"。赛博格利用人类所创造的人工智能系统设计和制造自己。这些新的人工智能比人类聪明数千倍甚至数百万倍。

"赛博格"一词是曼弗雷德·克莱恩斯[32]和内森·克莱恩[33]在1960年创造的。它是指控制性生物：一个由工程材料构造，像人类一样能自给自足的生物。我喜欢这个词和定义，因为它囊括了从微生物到厚皮动物、从微芯片到公共汽车等各种大小的产物。现在，这个词通常用来指半生物半机器的混合体。我在这里用"它"来强调，新的智能生命将像我们一样来自达尔文的进化路线。它们和人类相依相伴，它们将会是我们的后代，因为我们制造的人工智能系统是它们的前辈。

我们不必害怕，尤其是刚开始的时候。这些无机生命需要人类，整个有机世界将继续调节气候，维持地球的恒温系统以抵抗太阳辐射，保护人类免除未来的灾难。因为我们需要互助，不应该陷入科幻小说常常描述的人机大战之中。盖娅将是和平的保护神。

这就是我所说的新星世。我敢肯定，一个更合适更富于想象力的名称将会横空出世。但现在我用新星世来描述这个时期，新星世将会是地球至关重要的时期，甚至会是宇宙至关重要的时期之一。

在探索新星世之前，我们需要讲述一下人类在到达这个历史节点的前一个时代所做出的艰辛努力。在新星世的前一个时代，作为天选之民的人类开发出了可以直接干涉地球过程与结构的技术。那是火的时代，人类学会了利用在遥远过去捕获的太阳能。这个时代我们称为人类世。

第 二 部 分

火 的 时 代

6

托马斯·纽科门

托马斯·纽科门（Thomas Newcomen）于1663年出生于英国德文郡的达特茅斯，1729年在伦敦去世。在他去世后，《每月记事报》称他是“那台用火抽水的惊人机器的唯一发明者”。这篇文章使用的“惊人”一词有点过于轻描淡写了，依我之见，说是“改变世界”最为准确。

纽科门的生平鲜为人知。他是浸信会的传教士和铁匠，也是一位工程师（尽管他没有受过这方面的教育）。传说他与科学家罗伯特·胡克[34]有通信联系，但可能是误传。他不需要胡克的帮助，因为他是一个务实而不是研究理论的人。他有一个非常实际的问题亟须解决：寻找一种快速的采煤方法。

17世纪末至18世纪初的欧洲，人口的增长、民族国家的形成以及随之而来的战争，导致原材料尤其是木材需求量激增。大规模的造船和炼铁消耗了大量木材。

18世纪初，一艘军舰的建造需要消耗4000棵树。森林的枯竭速度远远超过森林的再生速度。作为燃料，煤产生的热能比木材多10倍，很显然，煤是木材的替代品。但是煤的产量受矿井积水的影响。英国想要成为全球超级大国，大量开采煤成了当务之急。

工程师改变了世界的战略格局，继而改变了整个世界。纽科门发明了一种蒸汽动力泵。工作原理是用烧煤产生的热能把水煮成蒸汽，蒸汽进入带有可移动活塞的气缸。活塞受蒸汽的推动上升，然后将附近溪流的冷水喷入气缸，蒸汽凝结，压力下降，活塞回到其初始位置。如此反复运作，可以迅速清除矿井里的大量积水。这个"大气蒸汽机"不是第一台蒸汽机，但它是当时最好的。经过改进的蒸汽机后来成了19世纪火车的主力配置。就我而言，它的用途远远不及它的影响力。

这个小发动机引发了工业革命。这是地球上的生命第一次有目的地利用太阳能做工，并且还做到有利可图，从而确保了这项技术的发展和推广。或许风力驱动的风车和帆船也能有效地利用自然能源，但是纽科门的发动机特别之处在于可以在任何地方和时间使用，不受变幻莫测的天气影响，因此它被迅速地普及到世界各地。我认为，纽科门的发明不仅标志着工业革命的开始，同时标志着人类世的开始。人类世是火的时代，是人类获得大规模改造世界能力的时代。

人类也曾经制造过机器，但发动机是一个全新的类型。纽科门的机器可以在没有人工操作的情况下使用。当然也有别的先例。钟表也是全自动的，而钟表的历史可以追溯到6000年前的水钟。但是纽科门的发动机的功能要强大得多，它使我们的世界发生了翻天覆地的变化。它最初在沃里克郡库德利以南的一个叫格里夫的小村庄矿山中使用。到了1733年，即纽科门逝世4年之后，大约有125台发动机已安装在英国乃至欧洲的大多数重要矿区中。

纽科门只是开采煤——一种更容易获取的能量。他发明的蒸汽泵使人类能够开发当时难以挖掘的化石燃料。在人类大规模开采煤之前，可供人类利用的能源局限于地球表面的太阳能，包括储存在植物里的能量。2亿多年前，森林吸收了太阳能，并将其以化学能的形式储存在氧气和木材里面，植物死亡后形成煤。煤燃烧时，数百万年前浓缩储存的太阳能就从这些黑石头里释放出来。

在这一点上我想强调的是，促使地球发生巨大变化的人类世是由市场力量推动的。如果没有纽科门发明的蒸汽泵带来的经济效益，我们可能仍然停留在17世纪里。纽科门的发动机的重要特征是其获利能力。仅凭发动机的想法不足以确保其发展。蒸汽泵最重要的意义在于（无论是好是坏）它是比人力和马力更为廉价的劳动力。

7

新　时　代

这是一个转折点，是新时代的开始。在某个阶段它必将引发地震式的社会剧变。工业革命时代是一个同时带来巨大贫困和巨大财富的时代。它带来贫困，因为上述新的廉价劳动力的出现，使过去依靠出卖劳动力养活自己和家庭的人丧失了机会。它带来财富，因为这些新智能劳动力的生产效率比人类高得多。

尽管“工业革命”一词已经很准确，但是它没有表达出更广泛的意义，也不能完整地概括整个工业革命的过程。更准确的名字是人类世，这个词涵盖了从纽科门发明蒸汽泵到现在为止的整个300年，它描绘了这个时代的伟大主题：人类的力量支配着这个行星的每一个角落。

“人类世”[35]一词由生态学家尤金·施特默（Eugene Stoermer）于20世纪80年代初期提出。施特默从事加拿大与美国之间的五大湖研究。他用这个术语描述工业污染对湖泊野生生物的影响。这个术语的另一层含义是，在人类世里，人类活动可能会产生全球性的影响。

1973 年，我在研究人类对全球影响时也做出过贡献。20世纪50年代后期，我发明了一种非线性的直观仪器，称为电子捕获探测器。探测器将线性直流电信号转换为频率，检测到的物质数量直接用频率表示。电子捕获探测器几乎可以检测出任何含量的化合物。1971 年，我带着这个仪器参加南大西洋的调查，在那里发现大气中的痕量氯氟烃。这些物质被广泛用于冰箱等电器。制造商矢口否认氯氟烃对全球环境的影响，尤其是否认与大气臭氧层遭受破坏有关。但是我的发现显示，各类氯氟烃遍布全球。氯氟烃先是受到管制，然后被禁止使用。

分析化学的证据表明，人类已经进入了发明或创新可能影响整个世界的时代，这就是人类世的特征。这个时代从何时开始存在争议，有些人认为早在智人出现时，人类世就已经开始。有些人则认为直到 1945 年第一次核爆才开始。目前为止，它甚至没有被普遍认为是一个地质年代。许多人坚持认为，人类仍处在全新世时期，该时代始于大约 11500 年前最后一个冰河时代结束时。在此之前是持续240万年的更新世，更在此之前是上新世（持续 270 万年）和中新世（持续 1800 万年）。直到时钟回拨至宇宙大爆炸为止，每个地质年代的持续时间似乎一直在延长，然而到了宇宙大爆炸的那一刻，这个时间突然变得出人意料的短暂。宇宙的第一个时代被称为大统一时期，始于大爆炸之后的10^{-43}秒，一直持续到10^{-36}秒。如果我们接受人类世这一定义，那么年代的划分将会再次缩短。我估计新星世可能只会持续100年，我以后将会回到这个话题。

依我之见，将人类世定义为新的地质年代的理由是，在这段时间里，人类利用储存的太阳能的能力发生了根本变化。这种能力的进步标志着地球进入了利用太阳能的第二阶段。地球对太阳能利用的第一阶段是生物光合作用将光能转化为化学能，第三阶段将是新星世，地球将太阳能转化为信息。

但是，如果您希望进一步确认人类世是一个全新的时代，首先，您可以环顾身边星罗棋布的城市与纵横交错的道路，装饰着玻璃窗的办公大楼与公寓，发电站，小汽车和大卡车，工厂和机场。或者看一眼从太空拍摄的如同一条闪闪发光被子的地球夜景。其次，您应该阅读吉尔伯特·怀特[36]的《塞尔伯恩博物志》，您就会知道我们创造了多少非凡的成就。怀特是汉普郡塞尔伯恩村教堂的牧师，同时又是天才的观察者和作家。在书里，他称燕子用喙捕捉苍蝇的声音“类似于怀表壳关闭时发出的声音”。这本书出版于1789年，那时人类世还没有峥嵘毕露。因此这本书是了解地球成为瞬息万变的现代世界之前的必要读物。怀特是一位多才多艺的科学家。和我一样，他自己制作仪器，并用它们来准确地观察自然。

怀特的书表达了他对自然世界的热爱，而且至今仍然是很有参考价值的科学著作。例如，他记录了1783年的酷热、寒冷和大雾。这是冰岛的拉基火山爆发排放出大量的灰分和硫酸气体，与空气反应形成硫酸烟雾造成的现象。气候学家现在可以把拉基火山的喷发当作实验扰动，把当年塞尔伯恩地区的气候变化和他们的实验结果吻合程度做对比，以检验实验预测的可靠性。

从怀特的塞尔伯恩村到今天人口3000万以上的大都市不是单纯的社会发展，而是全世界范围内爆炸性的转变，这种转变大大提高了地球生命的强度，在地球历史上是从来没有出现过的。人类世可能尚未成为一个公认的概念；尽管如此，它仍然是我们历史悠久的古老星球最重要的时期。

8

加　速

吉尔伯特·怀特的书被后人视为那个已经一去不返、令人扼腕叹息时代的写照。怀特出生于1720年，即纽科门首次利用蒸汽泵抽水的8年之后。1793年他去世时，人类世正在悄然逼近怀特所赞颂的世界。到1825年，随着斯托克顿和达灵顿铁路的开通，新的时代正式拉开帷幕。此后，铁路迅速延伸至世界的每一个角落。19世纪人类世的故事主题就是全球化发展。在如今已成为世界主要工业经济体的中国，第一条铁路建于1876年，到了1911年，铁路总长已经达到约9000千米。

铁路的出现引入了另一个人类世的伟大主题——加速。人类世开始后不久，我们就像赛车手，被加速之力带着走。300多年来我们一直踩着油门，现在我们即将跨进一个由电子、机器和生物制品自行驱动地球的时代。

旧时代的技术并没有影响人类的运动速度。拿破仑的军队行军速度并不比尤利乌斯·恺撒的军队快。然而，火车从发明之日起，它们的速度就稳步提高，直到今天的每小时200英里。将来的磁悬浮列车的速度甚至高达每小时400英里。不仅如此，火车还将许多人同时送到目的地，无论他们以前是步行的贫民或是骑马的富人。想象一下，一条铁路正在深山老林的一个村庄附近建造。几百年积累下来对世界和生活的传统经验和认知也将在第一辆机车出现时消失得无影无踪。

浪漫主义诗人威廉·华兹华斯[37]目睹眼前一切，心里比大多数人更为清楚和痛苦。他的十四行诗《计划中的肯德尔和温德米尔铁路》开头是这样写的：

“英格兰大地还有没有一个角落
没有疹子爆发或是没有播下衰退的种子?
在青年时代，可以在繁忙的世界中保持纯洁。
当他们最早的希望之花被风吹走时，
必须死去；他们如何忍受这种枯萎？”

人类世没有一丝宽容，即使对这位文学天才的内心诉求。

不光是火车，人类世的加速发展超出了华兹华斯在最可怕的噩梦中见到的图景。军用飞机现在可以以两倍于声速的速度飞行，火箭的速度已经达到每小时25000英里，这个速度可以摆脱地球的引力场。但是使得世界发生翻天覆地变化的是民航飞机的速度——时速高达500~600英里，民航飞机在全球范围内快速运送大量人口，从而扩大了世界各地的文化融合，使得全球进入了一个崭新的时代。

这种发展预示着另一种形式的加速。人类世带来了一种发展的新手段。飞行姿态优美的海鸟用了超过5000万年才从它们的祖先——蜥蜴进化出来。相比之下，从绳袋双翼飞机发展到当今的客机只用了100年。这种充满智慧的有意选择比自然选择快了50万倍。抛开自然选择，我们已经成了魔法师的得意门生。

现代最重要的加速形式是电子技术。1965年，硅芯片制造商英特尔创始人之一戈登·摩尔[38]发表了一篇著名的论文，他预测，每年可安装在集成电路上的晶体管数量将翻一倍。他的这一预言被称为摩尔定律，这意味着硅芯片的处理速度和容量将指数般增加。

摩尔定律的增长速度已经被修改为两年翻一倍，或者更长一点时间，但是摩尔的预测仍然是正确的，而且这个增速已经持续了至少40年。如果您认为每两年翻一倍不算快，那不妨重新思考一下，每两年翻一倍意味着在20年中翻1000余倍，在人80年的一生里翻1万亿倍。有人认为，当我们达到硅的物理极限时，这个翻倍过程将停止。这个看法可能是对的，但是将来的芯片更可能是碳基结构，金刚石芯片的运行速度将超过我们现在所能想象的。

9

战　争

可悲的是，人类世的力量在战争中显示出它的最大威力。得益于那些独创和新颖的杀戮兵器，人类世已经成为一个愈演愈烈血光冲天的时代。正如哲学家和历史学家刘易斯·芒福德[39]在《技术与文明》中指出的那样："对完全机器化的社会而言，战争是其至高无上的剧目。"

在17世纪以前，战争已经足够残酷。但是那时的战争主要依赖于人力和一点火药。1861年至1865年的美国内战造成超过100万人丧生。这是第一次人类世的产物加入战争。理查德·加特林[40]的速射"旋转大炮"是所有未来机枪的先驱，也首次出现在这场战争中。日趋成熟的壕沟战也是对抗速度与远距离射程武器的产物。这种战术导致了第一次世界大战僵持不下的局面，造成了惨重的伤亡。

随后登上战争舞台的是空中力量。空战可以将战线扩展至国家的全部领土，平民成为合法的攻击目标。1937年4月，希特勒的德国空军为了支持佛朗哥[41]等法西斯分子，对格尔尼卡进行了猛烈的轰炸。这场战争清楚地告诉我们，在人类世发生的战争中，没有任何人能够置身于外。

如果里奥·西拉德[42]早十年走过伦敦的某条大街，整个人类历史的严峻局面将会变得更加不堪。西拉德是匈牙利犹太裔核物理学家。希特勒1933年掌权后，他搬到伦敦。那年的9月12日上午，他走出家门穿过南安普敦街。根据历史学家理查德·罗兹的说法，"时间在他面前裂开了，他看到了通往未来的道路和未来事物的形状。"他看到了核链式反应的奥秘和核能，也看到了原子弹。如果那是1923年而不是1933年，那么第二次世界大战将会是一场核大战。倘若如此，战争的时间将会缩短，但是后果将更为致命。

结果是，核武器再过了12年才被制造出来。只有广岛和长崎遭受攻击，随后的核爆无一例外都是核试验。随着苏联的沙皇炸弹试爆，核试验在1961年达到了可怕的高峰。这个爆炸当量达到5000万吨的聚变式核弹如果在一怒之下被使用，将毁灭一个大城市及其周边地区。这些核试验的污染是如此巨大，以至60年后的今天，我们体内残留的放射性元素依然可以为法医确定死亡时间提供证据。

沙皇炸弹引爆的那一年，追求强大的核武器军备竞赛达到了荒唐而危险的境地。在那个毒力四张的年代，有大约5亿吨级当量的核弹在太平洋与北冰洋的岛屿引爆。这个数量相当于完全引爆3万个投到广岛的原子弹。这简直太疯狂了。

我永远不会忘记核导弹被打开检查的那个时刻，我正好站在核弹头的旁边。核导弹里有三枚用铝箔包装的弹头，每枚弹头都很小，可以放在手掌上。为了战争而诞生的它们，单独一枚都足以把伦敦一样大的城市夷为废墟。每枚弹头的威力都比70多年前在广岛上空爆炸的原子弹大60倍。到底怎样的政治家和战时领袖胆敢发射这种毁灭性的武器呢？现在看来，使用核弹是滔天大罪。

使我们松一口气的是，从那以后的70多年间，我们并未重演使用核武器的悲剧。可能核武器的存在足以起到阻止大战爆发的作用。绝对的核试验截止期限已经在人类世与核大战之间显示了良性的效果。

人们几乎盲目地推进太空旅行与武器的研发。然而，包括我在内的许多航天科学家都未曾意识到，航天科技也会成为武器系统的关键部分。我知道事实确实如此，至少在美国是这样。因为我在加利福尼亚州的喷气推进实验室与火箭科学家一起工作时，我们大多数人都在改进航天器的导航和运动控制，几乎全在考虑它们在太阳系探索中的作用。我们所做的工作对于核武器和发射目标之间的导航也至关重要，但我们很少谈论或想到这个问题。尽管我对此没有直接的了解，但我不禁在想，俄罗斯科学家和工程师心里是否也产生过类似的疑问？

从对格尔尼卡平民发动袭击开始，人们越来越意识到战争的本质是邪恶的。在工业给人类提供致命的武器之前，战争的强度被我们的脑容量所束缚，被我们的肌肉强度所制约。战争当然可能是致命的，但是我们自然而然地接受了它，因为这是我们的本性。但是我们现在不愿意接受壕沟战或核战争的恐怖。正如历史学家劳伦斯·弗里德曼爵士所指出的那样，现在的民主政体不再为意识形态、领土、政治或荣耀开战；矛盾的是，人类所能承认唯一正当的目标就是寻求痛苦的终结。目前，在人类世接近尾声之际，国与国之间的战争已经退出历史舞台。

或许是由于战争的强度不断升级，现在的我们愚蠢地仇视核能。人类世始于我们学会使用碳氧化合物中储存的能源，但这是不可持续的。因此现在我们必须暂时转向使用核能，直到我们可以有效地收集太阳能，或者找出使用几乎无穷无尽的核聚变能源的方法。

但是我们抗拒迈出这一步。我已经用了四十多年的时间去说服我的同行：使用超铀元素能量的风险与使用化石燃料相比，是微不足道的。但到目前为止，我的努力似乎是徒劳的。即使我乐观地认为，拥有活力和崭新思维的年轻一代能够担当起这一重任，能够利用核能为我们提供安全和充足的能量，但是我怀疑，即使他们有能力做到，世俗也不允许他们自由地使用核能。所以，我不能放慢脚步，对前方的障碍视而不见。我必须继续奔跑，直到人们认识到当前的道路充满危险。我没有言过其实，只要看一眼世界的主流媒体就会发现，他们只会将目光聚焦在新的化石燃料的发现上，因为这有助于保持比较低的能源价格。我必须说服那些记者：发现新的化石燃料矿藏与发现海洛因和可卡因仓库没有什么区别。我们可能是宇宙唯一的高级智能生物，但我们对核能发电的恐惧与逃避是一种自我毁灭的行为。没有什么事情能比这个更加凸显我们智力的不足。

即使得到最为保守的宗教力量的默许，我依然认为利用核能进行战争的行为是不容置疑的恶行。滥用科学必然是人类最为深重的原罪。

10

城　市

城市一直是人类世最为令人惊叹的成就。过去很少有人住在城市，但是现代的城市却聚集了世界半数以上的人口。在发达国家，这个比例可能接近90%。超级城市最能体现当代世界变革的力量。东京（人口3800万）、上海（3400万）、雅加达（3100万）和德里（2700万）是超级城市的佼佼者，然而这个排名一直在改变。这不仅是世界人口增长的结果，也是一个时代发展的自然结果。在这个时代，城市就业机会比农村就业机会更多，收入也更高。

城市的发展也遵循自然规律，似乎与昆虫群落的扩张有些相似。白蚁的蚁丘与现代城市中高高耸立的现代办公楼和公寓楼有着异曲同工之处。起初，我觉得高楼大厦令人压抑。这些人类巢穴，犹如白蚁巢塔，是令人钦佩的建筑工程创举。但是对于每只白蚁个体而言，它们付出了过于高昂的代价。白蚁们曾经在平地上自由自在地生活，现在却要服从内置程序指令，耗其毕生精力收集泥土，与牛粪混合起来，然后把这些臭烘烘的粪土捆绑成巢壁或填补缝隙。难道与蚁巢类似的个体平等的天堂是未来城市生活的典范？当我们路过一座现代办公大楼时，我们很难不拿人们与白蚁做类比：在巨大的玻璃盒子里，每个人都在做着完全一样的事情，当然不是混合泥土和牛粪，而是紧紧地盯着计算机屏幕。

生物学家爱德华·威尔逊[43]穷其毕生精力研究了两种无脊椎动物——蚂蚁和白蚁的社会秩序。一亿多年前，这些生物以个体或小群体的形式在世界漫游。与它们共存的是一些会飞的无脊椎动物，其中包括各种大小不一、绝大多数是单独生存的昆虫，它们是胡蜂、黄蜂和蜜蜂的祖先。随着时间的流逝，它们的大多数形成了巢穴群落，其中一些巢穴组织井井有条，甚至进化出一套独特的生理架构。例如，即使外界环境温度低于0°C，加拿大的蜜蜂巢内依然能维持着35°C恒温。

蜜蜂巢不同于白蚁巢，蜜蜂巢的分工更加明确。新孵出的蜜蜂通常会被分配一些枯燥单调的任务：例如，坐在巢的入口用翅膀不断扇动空气，为居住者维持最适宜的温度。幼蜂会被分配相对容易的工作，例如喂养和照料幼虫。长大后，它们将承担更为繁重的工作，例如防御和修复巢壁的缺口。等学会基本的生存技能之后，它们就开始学习觅食的基础知识，这是一个技术活，它们需要在附近寻找食物，评估食物资源量和价值，然后飞回巢穴把信息传递给姐妹们。最聪明的蜜蜂被委派最具挑战性的任务，即为下一个巢穴寻找合适的地点，位置可能是半径2千米内的某个地方。

我曾经愚蠢地认为蜜蜂的小脑袋永远无法与人类社会的智慧相提并论。但是我很快发现，蜜蜂的语言相当复杂，它们能用舞蹈交流。最为奇特的是，人们曾见过大黄蜂打橄榄球。

在无脊椎动物的世界里，白蚁的集权君主制似乎可以与蜜蜂的等级君主制和平共处。这可以视为一个进化过程，如同人类从农村移居到城市。在无脊椎动物中，巢居概念已经持续了一亿年以上，我觉得这点很了不起。蚂蚁、白蚁、蜜蜂、黄蜂的这种生存方式，是否能够成为人类城市生活的一个范本呢?

实际上，这种生活模式通常令人厌恶，因为城市生活通常被视为生命的缺失。托马斯·杰斐逊[44]曾经指出：“当我们像欧洲一样被挤压在大城市的人流中，我们就会沦落至欧洲一样堕落。”他显然和许多人一样感到小城镇生活真实简朴，那里的旷野和广阔的空间有一种返璞归真的魅力。

在流行文化中，城市常被赋予浓重的反乌托邦色彩，然而也被视作个性解放与寻求刺激的地方。人类对城市的认识一直摇摆不定。城市曾经被视为环境的重灾区。现在人们认识到，与郊区或农村相比，城市反而能更为高效地利用化石燃料。无论如何，我们对人类世模棱两可的印象，几乎集中体现在我们对城市的爱恨交加之上。

人类世的力量为这个星球带来了翻天覆地的变化，城市是其中最为直观的标记。卫星拍摄的地球夜景照片展示璀璨点线和闪烁灯火的聚合。假设有外星人存在而且来到地球，他马上就会理解到这个星球孕育了生命，而且这些生命已经拥有了足以完成下一次进化的聪明才智。

11

人满为患

血流成河的惨象始于美国的内战，并以前所未有的惨烈战事贯穿整个20世纪，大众对此倍感内疚和愤怒。加上人口的迅速增长和对地球资源的大量掠夺，导致环境污染、物种丧失、荒野破坏、全球变暖以及厌倦城市生活的神经官能症等。洞悉这一切的人们形成了一个共识：人类世是一个错误的转折，人类把自己与自然世界分隔开来，从伊甸园被驱逐出去。

人类世最优秀的批评家威廉·华兹华斯在他的诗里是这样描述这种人与自然隔绝的精神损失的：

“地球迟早人满为患，
豪夺和挥霍，我们前功尽弃；
大自然已经面目全非，
我们抛弃良心，换来肮脏的恩赐！”

这些不满情绪正在到处蔓延。许多人轻率地认为，任何对自然环境的人为改变都不是一件好事。从自然生态的角度看，人类世以前的世界比现在好。确实，2015年巴黎气候变化大会主要议题是检讨人类对地球系统的破坏和将来继续恶化的后果。

我当然对那些热爱乡村的平静和厌恶城市动荡的人们表示同情，我也持有类似的态度。但是我们应该寻找不安的根源。环境污染固然不好，但是，在间冰期一段像人生那样短促的时间里，英格兰南部在某种程度上仍然是一个令人惊叹的美丽地方，但这也是污染的产物。在间冰期，大气中的二氧化碳浓度上升，为我的家乡提供了适宜的温带气候。

如果我们将工业化前的气候视为盖娅地理工程带来的良好结果，这似乎是值得返回的理想状态。但是我不认为间冰期代表着盖娅的偏爱。冰芯记录（通过向冰层下钻取、收集在古代形成的冰作为过去环境状况的证据）表明，我们的地球可能更喜欢持续的冰期。更直率地说，盖娅喜欢凉爽的世界。一个凉爽的地球会拥有更多的生命。地球70%的表面是海洋，当温度高于15°C时，几乎没有任何生命可以存在。

如果将温度–时间进行作图，您则会看到一张不怎么赏心悦目的锯齿图。地球温度在温暖和寒冷两个时期之间波动。给人的印象是整个地球系统一直在努力降温，尽管屡试屡败，但一直坚持不懈。

因此，尽管我相信我们应该竭尽全力保持地球的凉爽，但我们必须记住，即使按照一些人的建议，把地球大气层的二氧化碳浓度减少到 180 ppm[45]，也不可能重返工业革命前的天堂，而会导致新的冰河时代出现。难道这就是这些人梦寐以求的吗？在冰河时代，南、北半球温带地区几乎没有什么生物多样性，我们现在的文明几乎不可能在 3 千米或更厚的冰盖下繁荣发展。

许多人面对如此的辉煌成就反而产生内疚和邪恶感。这种感觉具有悠久的历史原因。它始于犹太–基督教原罪的概念——人类一出生就不完美，我们已经从恩典中堕落。知道这点很重要：我们堕落的原因是**因为我们的知识**。

亚当和夏娃的故事具有持久的影响力，特别是他们被驱逐出伊甸园的惩罚，所有教派的牧师时时刻刻提醒他们的信徒，这个永恒的痛苦是对人类原罪的惩罚。这些警告无疑在我的童年涂上浓厚的色彩。当原始宗教演变为自由政治和社会主义时，这的确是一种解脱。在路障前面对死亡比永恒之火更令人兴奋。我们很想知道环境主义的温柔制裁是否可以取代社会冲突的暴力。

12

热 威 胁

尽管我们已经取得了许多巨大的成就并拥有盖娅这样的良性控制体系，但我们仍然受到热的威胁。您会猜我指的是全球变暖，但是您只猜对了一部分。一开始我以为二氧化碳排放引起的全球变暖很快就会对人类造成灾难性的后果，盖娅会不留情面地把人类当作讨厌和有害物种甩到一边。后来我以为我们可以应对即将滚滚而来的热浪，不应该再将全球升温视为直接的生存威胁。但是现在我认为，应该尽我们的所能使地球降温，地球生命最大的威胁是过热。关于这一点我怎么强调都不会过分。

全球变暖已经成为定论，但是科学家、政治家和绿党[46]人预测，全球变暖的后果不一定是我们最应该担心的。全球变暖是一个缓慢的过程，其最糟糕的结局将会表现在几个灾难性的事件上。我们最近经历的极端天气仅仅是即将到来的灭顶之灾的温和信号。但我们还有时间把地球的温度降下来，使盖娅系统更加强大。

我之所以这样说，是因为地球和我一样已经老了。高龄不一定会使人变得睿智，但是一定会使人变得脆弱。我写这本书时已经99岁了，哈姆雷特[47]哀叹"血肉之躯的痛"，但他是一个年轻人，死于过度自省。如果他还活着，他会发现年轻人的肌肉之痛与年长者所承受的痛苦有天壤之别。

行星与人类一样，随着年龄的增长变得脆弱。如果不出意外，盖娅和我都会有一段幸福的晚年。但是天有不测风云，行星也会如此。我们的抵抗力取决于我们的健康状况。年轻时，我们通常能够承受流感或车祸，但当我们接近100岁时却不能。与此同理，年轻时，地球和盖娅可以承受火山大爆发或小行星撞击。当它们衰老时，无论是火山大爆发或小行星撞击都可以毁灭整个星球。变暖的地球更是一个脆弱的地球。

地球在漫长的过去经受了近乎致命的灾难。有大量证据表明，约在200万年前，南太平洋曾经遭受一个直径大约1千米的小行星撞击，后果似乎是毁灭性的。但是有意思的是，那次行星撞击几乎没有对生物圈带来长期的破坏。然而最近的研究表明，小行星撞击地球的可能性在上升。研究月球陨石坑的科学家发现，在过去的2.9亿年里，小行星撞击月球的次数大幅度上升。令人吃惊的是，我们现在受到小行星撞击的可能性比恐龙时代增加了三倍，恐龙的灭绝只能归咎于它们运气不好。

在过去，在火山大爆发或发生行星撞击之后，盖娅依然可以大步向前，但是她现在还做得到吗？在行星碰撞之间的平静中，她已经竭尽全力去维持地球的生态稳定。现在，小行星撞击或火山爆发可能毁灭地球的大部分生命。幸存者可能无法恢复盖娅，我们的星球将很快变得太热，生命将无法存在。

因此，除了气候变暖的影响外，还有其他超出我们想象力的问题，这就是所谓的飞来横祸。地球已经围绕不断加热的太阳运行多年，保持地球凉爽是必要的安全措施。

热能是为什么我们必须密切关注地球状态的原因，我们不必对火星考虑太多。当美国国家航空航天局非凡的探测器不断从火星收集数据时，我们对自己的海洋的认识也愈发显得肤浅。我一点不认为人类对太空的探索不值得，但是为什么我们对收集自己星球的信息做得这样少？我们的生命可能取决于对地球的正确认识。

1969年，当宇航员传回从太空拍摄的地球第一张照片时，我们都被地球的美丽所震撼。这张照片让科幻小说家兼发明家亚瑟·克拉克[48]觉察到我们这个星球其实是一个海洋，却被错误地称为地球。我们实际上生活在海洋的星球上，尽管了解到这点已经是50年前了，这也仅仅是我们深究地质学这门已被尘封的学科的开始。可耻的是，我们对火星的表面和它的大气层的了解比我们对地球的海洋某个区域的了解还多。

海洋里也充满了风险。海洋是仅次于太阳的气候驱动力。保持海洋较低的温度对我们的生存至关重要。不妨在假日里到海边看看就明白怎么回事了。在那里，有一片热腾腾的沙滩和轻轻拍岸的海水。碧绿的海水十分诱人，但它是死亡之洲。当海洋表面温度升至15°C以上时，海洋会变成比撒哈拉沙漠更为荒芜的生命禁区。这是因为温度高于15°C时，海洋表层的营养物质被迅速吸收，生物尸体和碎屑沉入海洋下面的区域。在底层水域里有很多食物，但是因为底层海水比表层海水温度低且密度大，营养物质不能上升到海洋表层。温暖的水域常常缺乏生命，因此看上去总是清晰和蔚蓝的。

了解地球的实质很重要，因为来自太空的照片揭示地球是一个水行星，其表面近3/4被海洋覆盖。陆地上的生命取决于某些必需元素，例如硫、硒、碘等。这些元素是由海洋表层生物以气体的形式（例如二甲基硫醚和甲基碘）提供的。由此可见，海洋表层水温升高导致生物的损失是灾难性的。冰冷的海水（低于15°C）比高于这个温度的海水密度大，其中的营养无法再回到海洋表层。

如果海洋表面温度上升到40°C的区间，对生命来说将是一个更为严重的威胁。海水大量蒸发将导致温室加热效应失控。像二氧化碳一样，大气层里的水蒸气吸收向外释放的红外辐射，地球就不能通过散发热能达到降温的目的。大气中大量的水蒸气会导致气候变暖，这样便形成一个恶性的反馈回路：气候变暖导致更多的海水蒸发和增加大气的水分，大气的水分阻止热能散发。

在全球变暖的讨论中，很少提及水蒸气的作用。当我们通过燃烧化石燃料把二氧化碳排放到大气时，二氧化碳停留在那里直到被植物光合作用消耗掉。燃烧化石燃料还将水蒸气排放到大气里。和二氧化碳不同，水蒸气只有在空气足够热的情况下才停留在那里。在寒冷的冬日，你的呼吸也会形成气雾。大气水蒸气的浓度只与气温有关，当水蒸气凝结成雾气或云滴时，它不再能起到温室效应的作用。在某些情况下，例如，云层在海面附近浮动，它们的存在具有冷却作用，能够将阳光反射回太空。但是在高空的卷云有增温作用。空气中的水蒸气会影响天气预报，这就是为什么有时天气预报不准确。

避免燃烧任何形式的碳燃料，我们可以帮助自然过程降低空气中的水蒸气含量。总的来说，我强烈认为能源需求应视为一个实际的工程和经济学问题而不是政治问题。我也坚信，满足这些需求的最佳选择是核裂变。或者，如果价格便宜且实用的话，维持太阳热能的核聚变应是最佳的选择。还有一个温度极限问题我们应该密切注意。您可能已经注意到2018年异常酷热的夏季天气预报中的致命数字。当时的气温为47°C。这个温度已经高于人类的宜居温度——居住在伊拉克巴格达的人都深有体会，已接近我们的生存极限。在澳大利亚，2019年1月夏季有5天的平均温度高于40°C，奥古斯塔港气温达到49.5°C。

20世纪40年代，作为战时工作的一部分，我和我的同事欧文·李德韦尔通过实验测量皮肤细胞因受热而受损的温度。按规定，这个烧伤实验本来是在麻醉后的兔子身上做的。我们觉得这个规定令人讨厌，于是决定在自己身上做。我们使用的是大而扁平的苯蒸气火焰。正如你可以预料的，用火烧自己的皮肤是一件非常痛苦的事情。皮肤和温度为50°C、直径为1厘米的铜棒接触1

分钟就能造成一级烧伤。烧伤需要的时间随温度的上升而缩短，60°C时仅需1秒。低于50°C时5分钟也不会出现烧伤现象。就对高温的反应而言，人类的皮肤细胞是典型的主流生命那种。有些高度分化的生命形态（如嗜极微生物）的生存温度可高达约120°C。但与主流生命相比，它们的影响力和生长率却很小。

（顺便说一句，当我们做烧伤实验时，受到研究所的医师霍金博士照顾。他对我们承受痛苦的能力深感兴趣并邀请我到他在汉普斯特德的家共进晚餐。晚餐前，霍金博士的妻子，她也是研究所的科学家，问我是否愿意在她准备晚餐时抱一会儿他们刚出生的婴儿。那时我已经是两个孩子的父亲，自然知道如何去做。于是我将他们的儿子史蒂芬·霍金[49]抱在怀里。）

高温使地球变得脆弱。我们正处于冰期的温暖时期，如果现在遭受巨灾——小行星撞击或超级火山爆发——地球不能及时降低二氧化碳含量，届时所有生命都将陷入绝境。地球的平均温度可能会上升到47°C，地球将会面临不可逆的温室效应，变得像金星那样炽热和荒芜。正如气候学家詹姆斯·汉森[50]所说，一不小心，我们会登上通往金星的特别快车。

在通往生物灭绝的途中，地球可能会经历一个大气层表面达到超临界蒸汽时期。超临界状态十分奇特，它既不是气体也不是液体。它像液体一样能够溶解固体，但是又像气体一样没有边界。甚至岩石也将在超临界蒸汽中溶解，当这些溶液冷却时，它们会析出石英，甚至蓝宝石等结晶。

如果地球变得非常热，海洋也将处于超临界状态之下。诸如玄武岩之类的岩石会溶解并将水里的氢以氢气释放出来。空气中的氧气在此之前已经耗尽，在无氧的条件下，因为地球引力不足，氢气会逃出太空。实际上，如果没有氧气的话，氢气现在也会逃逸。氧原子担负卫士的职责，负责捕捉从地球逃出的氢原子。

因此，地球气温47°C是包括地球在内的海洋星球生命的极限。一旦超过这个温度，即使是硅基智能也将无法存在。甚至海洋的底部也会进入超临界状态，在岩浆出现的地方，岩石和超临界状态蒸汽也就没有区别了。

我们应该对盖娅系统在降低二氧化碳浓度方面的出色工作感到惊讶和感激。1.8万年前，地球大气层的二氧化碳浓度低至180 ppm，现在是400 ppm，还在不断上升，50%的二氧化碳浓度上升是人类使用化石燃料造成的。

不要忘记，如果没有生命，地球大气层里的二氧化碳浓度会比目前高得多。如果你想知道生物把二氧化碳藏在哪里了，请去参观一个典型的垩崖，例如苏塞克斯海滩滩头的垩崖。借助显微镜你会发现，垩石是由许多紧紧压在一起的碳酸钙外壳构成的。这些是曾经居住在海洋表层的球菌骨骼。球菌骨骼在地球表面遍地皆是的石灰岩里更多。如果在不久的将来的地质时代里，这些由生物形成的二氧化碳储藏以气体形式返回大气的话，我们的地球就像金星一样，变成一个炽热和死亡的星球。

即便这样，在可预见的未来，地球的整个表面温度也不可能达到47°C，而当前的平均温度约为15°C。但可以想象，通过反馈回路，尤其是极地冰盖融化导致冻土释放出甲烷，全球温度可能会达到30°C，成为进一步加速升温的临界点。关于升温后的气候，我们目前知道的不多。

我们不应简单地假设（大多数人常常如此）地球是一个稳定和永久的地方，温度始终在一定范围内，人类可以永远安全地生存。大约5500万年前，地球出现了一个称为古新世/始新世最热期。这是一段高温期，温度比目前高了约5°C，鳄鱼等动物生活在极地海洋，整个地球都是热带。有一阵子我以为这种温度可以承受，为什么要为2°C的升温而烦恼？但是气候科学家认为我们必须不惜一切代价避免地球升温。在像新加坡这样的地方，全年温度超过全球平均水平12°C，那里的人照样享受生活。但是我这个观点是错的。

在考虑小行星撞击和其他意外事故的后果之后，我明白了为什么地球需要保持凉爽。是的，温度升高5°C甚至10°C，人类可能还可以对付。但是如果遭受小行星撞击（现在认为是造成二叠纪大灭绝的原因），整个盖娅系统就会瘫痪。这种大破坏也可能由火山爆发造成，以前就出现过。所以现在我认为阻止全球变暖，我们的每一分努力都十分重要。为了确保盖娅系统冷却机制在遭遇极大事故后能够正常运作，我们必须尽量保持地球的凉爽。

13

焉 知 祸 福

人类世究竟是祸是福，目前争论不休。人类世是祸的证据确凿：全球变暖，地球因此更加脆弱，加上惨绝人寰的战争和大量物种灭绝等。这种状况大都可以归因于扑朔迷离的人口剧增。纽科门第一次造出蒸汽泵时，世界人口才7亿；现在为77亿，是原来的10倍多，并且预计到2050年将接近100亿。

但是，您可能会说，人类的繁荣是地球的福祉，这或许也对。环境主义者马克·莱纳斯[51]认为，从前的狩猎和采集生活方式，每人需要约10平方千米的土地。现在英格兰每平方千米可支持400人的生活。如果英格兰人不得不恢复以狩猎和采集为生，他们将需要20倍北美那样大的土地。莱纳斯的观点不是负面的，他相信人类世可能是美好的时代。“作为学者、科学家、社会活动家和公民，”他在《生态现代主义[52]者宣言》中写道，

“我们坚信当知识、技术和智慧相结合时，我们将拥有一个美好甚至是伟大的人类世。美好的人类世要求人类利用其不断发展的社会、经济和技术力量使人们过上好日子，维持稳定的气候和保护大自然。”

反对人类世的人们认为这种乐观论调是疯狂的。他们将生态现代主义视为对人文主义的迷信。他们声称，生态现代主义就像过去的宗教，采用一种安抚方式阻止人们采取行动拯救地球免受全球资本主义的破坏。“对那些正要向这个不公正的时代抗争的人来说，”澳大利亚公共伦理学教授克莱夫·汉密尔顿在《美好人类世的神学》（2016）中写道，“在新时代金色承诺的麻痹下，他们只好默默地忍耐着。美好的人类世给正在受苦的人以及那些即将因人为干旱、洪水和热浪而受苦的人所传达的信息是：您正在为美好的未来饱受煎熬；我们将尽力帮助您减轻痛苦，但是您的痛苦是合理的。”

凭着这种说辞，生态现代主义成了解释为何仁慈的上帝所创造的世界里依然存在邪恶的辩护词。在这种情况下，上帝代表进步，邪恶代表贫穷和痛苦。社会取得足够的进步之前，邪恶不会消失。正如宗教人士在我们的生活中主张更多的上帝一样，生态现代主义者争取更多的进步。

这些论点本身很有趣，但汉密尔顿清楚地表明，大部分论点和政治有着千丝万缕的联系。对于汉密尔顿和许多其他人而言，生态现代主义者在做全球资本主义的肮脏工作。对于莱纳斯和其他信奉美好人类世的人来说，他们的对手就像19世纪初的卢德主义[53]者：砸碎机器，以防止机器夺去他们的工作。

以上是对一个复杂论点的简单总结。这个总结有一些不可忽视的细节，例如，反对者并不排斥所有已经取得的进步，支持者承认通往美好人类世的道路上存在着许多风险。以上的总结勾画了论点的总轮廓，在这种推理中，我发现自己比起反对者更接近生态现代主义者。

反对者的第一个问题是他们持有的观点也颇具宗教色彩。他们认为，人类世之前人类曾经拥有好时光，但那只是一厢情愿。首先，世界上不存在没有欲求和苦难的黄金时代。其次，为了回到那个时代，您要撇开现代的一切拥有。所有这些都被政治包裹着，就像基督教的一部分演变成社会福利主义一样，当代左翼政治倾向于演变为绿色宗教。用宗教信仰代替事实将无法解决环境灾难的威胁。

但事实是什么？首先，我们必须将人类世视为人类有能力做出全球重大决策的时期。使用氯氟烃是一个决策，禁用氯氟烃也是一个决策。这些决策可能是错误的，并可能导致意想不到的后果，但关键是我们有能力做出决策。

其次，我们必须放弃人类世危害自然的观点，这种观点是政治和潜意识强加于我们的。我们在一定程度上知道无论从模样或行为上，纽科门的引擎或核电站都与斑马或橡树毫无共同之处。事实上，尽管人类世总让人联想到机器，人类世却是地球生命所为，是进化的产物和大自然的表达。通过自然选择的进化可以表达为"大自然选择留下繁殖力最强的生物"。蒸汽机的生产力肯定也高，其后继产品通过詹姆斯·瓦特等发明家的改进得到迅速发展。对机器持续的改进后来演变为工业革命，并给了我们一个世纪的科技荣耀。

当然，由于人类世的技术飞速发展，那些依靠体力劳动作为唯一谋生手段的人被迫面对残酷的竞争。我们当今的文明确实做出了一些对生态有害的选择。但是我相信地球的行为就像一个活的生理系统，在这个系统中，通过变革谋求美好生活通常会带来一系列弊端。在过去的300年中，人类极大地改变了地球环境。其中的一些改变，例如对生态系统的无情破坏肯定是不好的。但是，人类寿命的大大延长、贫困的缓解、全民教育的普及和生活的便利，这些变化不是很好吗？我们还得谢谢那位发明天才迈克尔·法拉第[54]，他把电传递到千家万户。现在，我们大多数人都将互联网、航空旅行和现代医学看成理所当然。但试想让我们回到100年前，也就是我出生的时候，那时第一次世界大战刚刚结束，除了富人，我们没有电灯，没有汽车或电话，没有收音机、电视以及抗生素。只有虫胶唱片、用小号作为扬声器的发条式留声机，这就是我们拥有的全部。追求青山绿水的田园生活当然没问题，但是我们不应该拒绝医院、学校和洗衣机。这一切让我们的生活变得更美好。

下面是对人类世晚期现代环境问题的一些看法，这些看法考虑到盖娅对人类的要求。

绿党人犯的错误源于他们以政治为主导对人类世繁杂问题的简单化。他们对人类世给我们带来的好处视而不见。我们必须永远记住，盖娅反映了约束和后果，这在氯氟烃故事中尤其如此。在找到替代品之前，绿党就提议禁止使用氯氟烃，这意味着我们将不再拥有冰箱。

这种一刀切的极端做法与当前的反塑料运动很相似。大部分塑料是坚固、轻巧、透明且具有电绝缘性的材料，它们大多数由含碳化合物制造，后者是石油工业的副产品。没有这些塑料或性质类似的材料，现代文明将更加困难和昂贵。塑料是眼镜光学镜片、窗户和透明或绝缘产品的基本材料。塑料还拥有一些金属和陶瓷没有的奇妙特性，比如良好的弹性。

真正的环保观点不应该针对塑料本身，而应该意识到，我们没有对一次性包装材料做出合理规范。因此我们必须对包装塑料加以限制，同时也应该开发塑料自动降解技术，将塑料降解为水和二氧化碳并不困难。但是绿党们只顾反对使用塑料，却不曾想到塑料对环境的危害是可以通过技术手段来解决的。

一个所有人都认同的问题是我们迄今未能找到一种可以替代塑料并普及的包装方法。但值得注意的是，用塑料作为燃料而不是堆放在垃圾填埋场，对环境有益，因为塑料不容易分解释放有害的温室气体甲烷。如果用木材或纸张代替塑料作为包装材料，这种情况就会发生。

使用碳化合物，例如汽油或柴油燃料是完全违反环保宗旨的，因为它会加速地球的升温。但是石油的使用还是依然如故，因为拥有石油的人也拥有政治权力。人类应尽快停止使用这些燃料。

我认为重建荒野和重新造林是值得的，但应该让自然来做。根据我的个人经验，人工造林无法替代自然森林，甚至对自然森林有害。

在发电方面，我认为风能和太阳能不能替代高效、精心设计的电站生产的核能。

这些举措应该能平息多年来那些对人类世的严厉批评，并且使得大众的态度转为支持这个美好的人类世。

14

欢　呼

我对人类世的最后留言是欢呼。为人类对地球和宇宙的认识取得巨大的扩展而欢呼。这是一个我们能够更进一步理解盖娅的美好时代，我也有幸成长在科学研究和工程技术开发的狂热氛围中。

从整体上了解地球及地球在太阳系自然环境的地位，将有助于取得和平的结果。从太空观察地球扩展了我们对地球的认识，使我们开始思考气候变化，特别是愈演愈烈的地球表面和大气环境污染的严重后果。

人类世，尤其是在人类世晚期，可用信息量大幅度增加。这对于使用手机或访问互联网平台的任何人来说都是显而易见的。这么丰富的信息在几年前是难以想象的。

以收获储存在煤矿中的太阳能为起点，人类世现在可以收获同样的能源，并且利用这些能源收集和存储信息。正如我先前所说，信息是宇宙的基本属性。我们应该对我们掌握信息的能力感到骄傲，但我们必须明智地使用这些信息，帮助地球上所有的生命继续进化，以应对不断增加的危险，这些危险不可避免地威胁着人类和盖娅。在受益于太阳能的数十亿物种中，只有人类有能力把光子变成信息促进进化。作为回报，我们获得了解宇宙和人类自身的机会。

如果宇宙的运行像我的猜想一样遵从人择宇宙原则，那么宇宙的首要目标是将所有物质和辐射转化为信息。我们在火的时代里已经迈出了第一步。现在，我们正处于人类世让位于新星世的关键时刻，知性宇宙的命运将取决于人类如何响应。

第三部分

迈向新星世

15

阿尔法围棋

2015年10月，谷歌旗下深思（DeepMind）公司开发的计算机程序“阿尔法围棋”（AlphaGo）击败了专业围棋选手（欧洲围棋冠军樊麾二段——译者注）。乍一看，您可能耸了耸肩：“那又怎样？”自1997年IBM公司的计算机“深蓝”（Dark Blue）击败历史上最伟大的国际象棋棋手加里·卡斯帕罗夫以来，我们已经知道计算机玩这种智力游戏比人类更好。

您对“阿尔法围棋”的获胜不以为然显然是错的，错的第一个原因是，围棋是比国际象棋更加复杂的游戏。它是世界上最古老最抽象的棋盘游戏。没有国际象棋的骑士和士兵这种直观形象，围棋的规则不像现实世界那般剑拔弩张。白色或黑色的“石头”放置在19×19的黑色线条网格上，双方利用这些“石头”尽可能围住更多的领地。

这套简单的规则产生了令人困惑的复杂性。这种游戏具有无数的“分支因素”，即每下一手棋所引发的后一手的下子选择数。国际象棋的分支因子是35，围棋是250。这使得围棋的计算机程序无法使用与“深蓝”相同的棋路。“深蓝”使用的是“蛮力”法，意思是它只是装载了大量以往国际象棋比赛的数据，计算机所做的是搜索由人类提供的棋谱，它的速度比任何人类棋手都快。但是要玩围棋，您需要的不仅仅是这种一维的思考方法。

“阿尔法围棋”使用了两个系统：机器学习和树搜索——结合人工输入与机器学习的能力。这是一个巨大的进步，但随后的进步更大。2017年深思公司宣布了两个继任者：“阿尔法围棋零”和“阿尔法零”。两者都不使用人工输入，它们只与自己下棋而已。“阿尔法零”只用了24小时就把自己训练成为国际象棋超人、围棋超人和将棋（也就是日本象棋）超人。值得注意的是，“阿尔法围棋”在下国际象棋时每秒仅搜索8万个位置，最好的常规计算机程序“干鱼”（Stockfish）能够搜索7000万个位置。换句话说，“阿尔法围棋”不是使用蛮力，而是拥有某些人工智能形式的直觉。

有一种流行的理论认为，一个人需要1万小时才能熟练地掌握钢琴演奏、国际象棋或任何高技能的活动。这种说法可能是正确的，但这是一个误导性的说法，因为经过1万小时的练习后您也不能成为莫扎特或卡斯帕罗夫。尽管如此，1万小时还是有一定效用的，因为这比24小时长400多倍。因此，“阿尔法零”的速度至少是人类的400倍（而且还要假定后者从不睡觉）。但实际上“阿尔法零”比这快得多，因为它获得了“超人”能力。这意味着我们不知道“阿尔法零”在棋类比赛中比人优秀多少，因为没有人可以和它竞争。

16

工 程 新 纪 元

但是，我们确实知道这种机器的思考速度比人类快多少——可能是100万倍。原因很简单，信号沿着电子导体（铜线）的最大传输速率是每纳秒30厘米，而信号沿神经元的最大传输速率是每毫秒30厘米，1毫秒时长是1纳秒时长的100万倍。

在所有动物中，思考或行动的指令由生化连接，在我们称为神经元的细胞之间传递。指令中包含的信息必须通过生化过程把化学信号转换为电子信号，这个过程非常缓慢。而一台典型的电子计算机，所有指令的发送与接收都是电子信号，两者之间的速度相差可能超出100万倍。因为从理论上讲，电子沿着导体移动的极限速度是光速。

实际上，计算机的思考速度不可能比人类快100万倍。人工智能和哺乳动物的思维和行动速度实际相差大约是1万倍。再看一下另一个极端：人类的行动和思考速度也比植物快1万倍。根据观察花园草木生长的经验，你大概能够想象到将来的人工智能是如何感受人类生活的。

我们可以通过大脑的大规模并行计算系统一次处理多个流程的能力克服某些缺陷。但毫无疑问，聪明的赛博格也会通过改进并行处理过程来强化自己。

“阿尔法零”实现了两件事：自治（即自我学习）和超人的能力。没有人预料到人工智能发展这么快。这表明我们已经进入了新星世。一种新的生命形式将从我们制造的人工智能的前体横空出世。这个前体可能就是“阿尔法零”之类的东西。

人工智能力量不断增强的迹象到处可见。如果您阅读科技新闻提要，您每天都会被惊人的发展轮番轰炸。这是我刚刚发现的一个例子：使用“阿尔法零”那样的“深度学习”技术，新加坡的科学家研制出可以通过您的眼睛预测心脏病发作风险的计算机。不仅如此，这台计算机还可以通过观察一个人的眼睛就能分辨出这个人的性别。您可能会问，谁需要一台鉴定性别的机器？但关键是，我们不知道它可以做到这一点，计算机回答了我们甚至没有提出的问题。

距离全功能的赛博格似乎还有很长的路要走，但是从纽科门的蒸汽泵到汽车，也走了很长的一段路，走完这条路花了将近200年的时间。数字技术的发展和摩尔定律的持续意味着这种大飞跃需要几年的时间，然后是几个月，最后是几秒。

进化仍将指导这一过程，但是会以一种全新的方式。标志着人类世开始的纽科门蒸汽泵，其市场价值和实用性都是强大的进化属性。我们即将以相似的方式进入新星世。一些即将开发的人工智能最终将全面开启一个全新的时代。

确实，在某些方面，例如个人计算机和手机的普及，我们已经站在类似于20世纪初人类世的一个阶段。在1900年代，我们拥有内燃汽车、简单的飞机、快速列车、家庭用电、电话甚至数字计算基础设施。一个世纪后，这些技术的爆炸性发展改变了世界。不用20年，另一种爆炸性发展将会出现。

新星世的起点并非计算机的发明，也不是可用于制作复杂机器的硅或砷化镓等半导体的发现。人工智能和计算机都没有在这个新时代的兴起中起到关键作用。请记住第一台计算机是由发明家查尔斯·巴贝奇[55]在19世纪初期发明的，第一个计算机程序是由诗人拜伦爵士的女儿艾达·洛芙莱斯[56]编写的。如果新星世只不过来自一个发明创造，那它在200年前就已经开始了。

实际上，像人类世一样，新星世也是由工程学来主宰。就像"阿尔法零"自学下围棋一样，新星世开始的关键步骤是使用计算机进行自我设计和自我制造，这是来自工程学必要的过程。我举个例子让您了解发明者和制造商面临的困难：肉眼可见和可操作的最小金属丝的直径约1微米，即一个典型细菌的直径。如果你拥有配备英特尔i7芯片的最新计算机，其导线直径接近14纳米，是肉眼可见的金属丝直径的1/70。在这些微小导线出现之前，制造商必须使用他们的计算机来帮助设计和制造芯片。重要的是，我们是与人工智能合作发明新型设备的（包括软件和硬件）。也就是说，我们让机器参与制造新的机器。现在，我们发现自己就像石器时代的村民，看着机器修建一条经过我们村子通往它们栖息地的铁路，一个新世界正在建设中。

这就是新生命，因为它们完全符合生命的定义。新生命将远远超出能够自我学习的"阿尔法零"。它们将能够改进和复制自己。它们能够迅速纠正进化过程中出现的种种错误。达尔文的自然选择将被更快的有意选择取代。

因此，我们必须认识到，赛博格的进化可能会很快摆脱我们的掌控。家政和会计等苦工已经由又舒适又方便的人工智能设备代劳。但是这些设备不再是发明人的聪明创作，而在相当程度上是赛博格的设计。我说这个是很认真的，因为没有工匠可以手工制造与您的手机中央处理芯片一样错综复杂的东西。

活的赛博格将从人类世这个摇篮中诞生。我们几乎可以肯定，像赛博格这样的电子生命形式，不可能碰巧从人类世之前的地球上的无机组分进化而来。不管喜不喜欢，没有我们人类扮演神或父母般的角色，赛博格的出现是无法想象的。地球上没有建造赛博格特殊成分的自然资源。例如，没有由纯金属制成的整根超细导线，也没有符合半导体属性的大片材料。

即使有40亿年的时间，云母和石墨等自然存在的材料也没有进化成赛博格。正如法国生物化学家雅克·莫诺[57]所说，有机生命的演化和出现是偶然性和必要性问题。对于有机生命，进化所需的化学物质在地球初期已经大量存在。这些物质进化成有机生命是偶然的，也是必然的。

地球上存在着许多的生命配件。我很想知道是否有人故意把这些配件放在一起，正如现在人类正在将各种机器零件组合起来，然后让它们成为全新的电子生命。我认为重要的是，我们应该意识到不管人类对地球做了何种破坏，人类应该同时成为赛博格的父母和助产士，这样才能自我救赎。在此之后，赛博格就能自行引导盖娅度过即将来临的天体危机。

在某种程度上，有意选择正在发生，关键因素是摩尔定律的速度和寿命。当新的生命能够通过有意选择进行繁殖和纠正进化过程的误差时，我们便全面进入了新星世。新星世的生命有能力修正理化环境，以满足它们的需要。但是，正如现今，新生命也是环境的一个重要部分，这是事情的核心。

17

比　特

首先，我需要解释一下为什么现在不单单是人类世的延续或扩展，而是非常值得把现在的社会剧变定义为一个新的地质时代。我们的星球历史上出现过两次决定性事件。第一次是在34亿年前，光合细菌首次亮相，依靠光合作用将阳光转化为可用能量。第二个事件发生在1712年，纽科门创造了高效的机器，将存储在煤里的太阳能直接转化为动能。我们现在进入第三阶段，在这一阶段里，我们——和我们的赛博格后代——将太阳能直接转化为信息。这个过程其实和人类世同时开始。到了1700年，我们在不知不觉中存储了足够的信息，从而迈进了人类世。现在，当我们接近2020年时，我们将拥有足够的信息，让人类进入新星世。

我不是说天气预报、铁路时间表或每日新闻等信息，我和物理学家路德维希·玻尔兹曼[58]指的信息是宇宙的基本属性。他对此深信不疑，以至于要求把能够表达他思想的简单公式刻在自己的墓碑上。

第一次尝试信息的科学处理是在1940年代，当时美国数学家和工程师克劳德·香农[59]从事密码学研究。1948年，这项研究成果发表在他的论文《通信的数学原理》里，这是一篇关于战后技术的重要文献。信息论现在处于数学、计算机科学和许多其他学科的中心。

信息的基本单位是比特，它的值可以是0或1，如同真或假，打开或关闭，是或不是。我认为比特主要是一个工程术语，是构造所有事物的最小单位。计算机工作纯粹是0和1，它们凭0和1就可以构造整个世界。这种源于简单的复杂（正如围棋游戏）表明，信息可能确实是构成宇宙的基础。

大量信息的出现对地球系统产生了深远的影响。对于未来世界，我现在的设想是，生命代码不再仅用核糖核酸（RNA）和脱氧核糖核酸（DNA）编写，而是也包括其他代码，比如基于数字电子器件的代码和我们尚未发明的电子设备指令代码。在未来的日子里，我称之为盖娅的大地球系统可能会被现在的生命和新生命——人类创造发明的后代——共同管理。

生命进化从达尔文的自然选择变成人类或赛博格

由目的驱动的选择。我们采用人工或生物技术纠正生命繁殖过程中出现的有害突变，这比自然选择的缓慢过程要快得多。

我不禁要问，在复杂的进化过程中，不管赛博格能否或何时成为优势物种，是否有人能够回答人择宇宙原则提出的问题？我想知道他们能否找到能证明我的观点的证据——比特是形成宇宙的基本粒子。

18

超 越 人 类

令人惊讶的是，我们往往把未来的智能机器构想成有人类的模样和行为。我想这里面有三个可能的原因。先，这是一种准宗教的冲动，因为宗教将人类视为造的高峰。因此，我们的继任者必须与人类类似。其次，器人像人类可以化解人类的不安，即使两者只有外相似。因为拥有相似的外表，人们也自然而然地认为器人的内心世界也和人类相通，行事处世也与人类相，因此可以信赖。第三个原因是我们受到西格蒙德·洛伊德[60]描述的“神秘感”迷惑。弗洛伊德谈过人类对具或蜡像产生陌生感，并认为这种出自普通之物的陌感来源于它们某些不太正常的方面。这解释了科幻小中的人形机器往往拥有无比非凡的力量。这些机器人表和人类相似，但我们对它们的动机、感觉和本性颇困惑。

我怀疑事实的真相其实很简单：我们无法想象出不像我们的智能生命。在这个方面我们已经进行过无数失败的尝试。在大众的想象中，典型的外星人长着巨大的脑袋，象征着高智商或婴儿般的甜美，还有偏斜的大眼睛。但是它们有两只胳膊和两条腿，而且它们走路的姿势和我们也基本完全一样。

看来我们仍然未能摆脱科幻舞台剧《罗梭的万能机器人》的束缚。这部戏剧是捷克讽刺作家卡雷尔·恰佩克[61]在1920年创作的，他曾七次获得诺贝尔奖提名，但从未获奖。我想这件事足以证实他惨淡阴郁的现实人生观。“如果狗可以说话，”他写道，“我们可能会发现与狗相处和与人相处一样困难。”恰佩克的机器代表了一种缺乏灵魂的完美，戏剧性的外表是非常神秘的。在剧中，人类被这些机器人毁灭了。恰佩克的新名词“机器人”（robot）源自捷克语“强迫劳动”。我们不应称恰佩克提到的生物为机器人或复制品，因为它们由血肉合成材料构成而不是机器。但是“机器人”这个词被保存下来，意指外表像人、行为像奴隶的机器。

因此，我们倾向于将未来的智能生物视为我们控制的东西，它会为人类的利益或者为某些团体的利益服务。未来的智能最有希望的候选人将是一个家庭帮手，它是管家和女仆近乎完美的结合。也许会是一种可以指导和修复人体的安全而精密的手术器械。或是亡命之徒的最爱——配备了致命武器和自给自足的无人机。但这些机器人都总是有点人性化。

我有时在想，我们追求人工智能人性化将影响我们对计算机的构想。当我们发明计算机时，我们把它们设计成与人类一样进行信息处理。您桌上或口袋里的计算机是这样设计的：完全合乎逻辑，但是它的计算速度比您快1万倍，仅此就是我们使用它们的原因。但是，尽管它们计算速度超快，我们已经拖了它们的后腿。因为目前的计算机按照程序从开始到结束都是按部就班完成计算，完全缺乏直觉思维。可能是因为我们从没有完全信赖过我们独特的直觉思维，也可能是因为我们只想让计算机继续做我们的奴隶。

最先进的个人计算机使用的芯片最多允许同时遵循七个独立逻辑路径，这是一个进步，但是无法与同时理数以百万计感官输入的人类大脑相比。也许这实际是人类的一种自卫措施，我们让计算机以一种低级的式进化，这样它们的智能就无法超过人类。

即使是昆虫和其他动物的大脑也能同时并行处理量信息。也许我们经常使用的并且发明者培养的直觉思维需要一套并行处理逻辑。这是一个与单通道的古典逻辑逐步论证完全不同和更为强大的逻辑体系。

以一场板球或棒球比赛中的守场员为例。当球被击中时，球可能以每小时100英里的速度朝着守场员飞来。如果他离球有50码[62]的距离，为了抓住来球，他必须用眼睛收集信息，然后用大脑分析这些数据以控制他的手臂和身体的运动，这样他就能在1秒内精确地拦截来球。如果他使用类似于语言通信那样的单通道逐步处理，可能需要数小时或数天才能完成此任务。接球和躲避饿虎扑食需要更快的整体反应。线性逻辑思维很整洁，但是如果您在丛林里依靠它，非要丧命不可。快速的本能反应使我们能够避开环境中的危险。

按部就班的逻辑已经安置在所有的机器里，因此无论机器人和笔记本电脑有多先进，它们总有根本上的缺陷。它们缺乏人类的某些品质——一个灵魂和一颗同情心，这使得它们最终无法跨越机器和人类的分界线，这个现象在科幻小说中屡见不鲜。最著名的是电视连续剧《星际迷航：下一代》中名叫达塔的人形机器人。达塔不断努力成为人类，它确信这将是一个至高无上的成就。但是它无法达到这个目标，这是人类的设计，它只能有按部就班的思维。如果早知如此，达塔对成为人类渴望就不会如此强烈了。

达塔十分友好，常常英勇无比，而且很自律。但在通常情况下，这种虚构的、友好的、顺从的和类人的但不是太人类化的奴隶机器人是模棱两可的生物。我们常常在问：它们在想什么？我们也对它们缺乏直觉感到担心，担心它们的逻辑推理可能导致它们伤害人类。科幻作家艾萨克·阿西莫夫[63]是第一位对赛博格——那时称机器人——的行为和道德进行深入思考的人。

阿西莫夫在1942年写的一个故事里提出了机器人三定律：

① 机器人不得伤害人类，或因不作为让人类受到伤害。
② 除非违反第一定律，机器人必须服从人类的命令。
③ 除非违反第一定律或第二定律，机器人必须保护自己。

从表面看，这些定律无懈可击。它们在科幻故事和智囊团讨论人工智能的危险时都以某种形式出现过。但是，这个三定律有一个致命的缺陷——这些定律假定机器人不像人类那样自由。我们有规则，但是当打破规则对我们有利时，我们就会这么做。为了让阿西莫夫的定律行之有效，机器人不能做出违抗命令的行为。

我们不能将这种设想套用在新星世的赛博格身上。

因为它们从自己编写的程序演变而来，完全摆脱人类的
命令。从一开始，它们写的程序就比人类写的好得多
每当我看到最近编写的计算机程序时，我就感到十分
惊。如果你看到同等水平的英文作品，就会把它直接
出窗外，这绝对是垃圾。程序员为了走捷径，仅仅是
新代码堆积在旧代码上。但是赛博格会重新编写，像“
尔法零”它们从零开始一样。人类是如此糟糕，赛博
必须寻找自己对人类友善的理由。

但是未来的人工智能会是什么样子?一切皆有可
但我完全以推测的方式将它们称为“超智能界”。

19

与超智能界对话

如果赛博格这般浑然天成，您可能会想，我们还能
它们沟通吗？

哲学家路德维希·维特根斯坦说，即使狮子能说话，
们也无法理解它。”这句话比恰佩克关于人与狗的论
更为严谨。维特根斯坦的观点是，我们的语言就是我
的生活方式，就是我们看待世界的方式。狮子不会拥
与人类同样的观点，赛博格也不会。

人类的语言是在5万~10万年前形成的，是由一系
影响我们大脑、手和咽喉的有利突变产生的。因此，
与人类生理学密切相关，但是根本不适于赛博格的电
解剖学和生理学。

我们在经典推理中犯下的种种错误背后都有语言
原因，为了掩饰这个缺陷，我们把量子理论等科学作

为特例，并将其独立于我们的语言逻辑体系之外。我们之所以容易出错，是因为无论是口头语言还是书面语言都受到人类倾向于拆分事物的思维特点的影响。例如我们的朋友和爱人都是一个整体，但是有时为了易于了解他们的身体状况或者出于治疗的需要，我们把他们的肝脏、肌肤和血液分开来考虑。但是我们知道他们不仅仅是身体全部器官的总和。

语言的发展似乎很迅速。但这并不奇怪，甚至最复杂的器官也是快速进化形成的。从只能检测到光存在的单个细胞到全功能眼睛的模拟模型显示，进化的最后阶段可能相当迅速，即使是非常精密的人类视觉系统也是如此，人类的眼睛可以检测出1000万种颜色以及单个光子。语言的进化过程可能也是这样，语言可能是迅速出现的一个人类特征。

大概在10万年前，当人类还和动物一样时，我们以狩猎和采集为生。自然选择偏爱那些能最有效传递重要信息（例如食物来源或潜在危险）的动物个体。将信息传播最远、最清晰的动物个体被自然选择留下。信息可以通过光、声音或气味发送。丛林和大草原是我们大多数祖先的栖息地，在这些栖息地里，通过声音交流通常是最有效的方法，通过调节声音来传达信息也很容初，高音代表危险、低音代表食物和求偶就足够了。来语言逐渐演变，能够传达越来越多有用的信息。

语言的演变是一个缓慢的过程，因为我们的发音器——喉部和发音孔的形状和类型也必须随着语言的展而进化，作为接收器官的耳朵亦是如此。同样，我的大脑结构、记忆的构成方式以及解析软件也会随之化。自然会选择具有高度灵活性、可以轻松地发出多声频和波形的发音器官。这样，我们的信息很快就可显示出愤怒情绪和各种友好程度的差别。很快就产生因交配或战争所需的音乐：您的欲望会被暮色中传来那些性感的歌声唤醒，您在沉睡中也会被黎明前缓慢险恶的鼓声惊醒。

为了语言的进化，人类不得不对大脑进行巨大的投和革命性的改进。对大脑的改进要考虑到大脑容量巨，外层需要强大的骨骼保护，还要消耗人体20%的能人类的智慧加上言语交流使我们能够收集信息，然在和同伴的辩论中进行提炼。因此，我们将辩论的结用文字和图片存储起来，供下一代使用。人类的文化智慧通过语言得以发展和传承。

复杂的口头表达模式和文字把人类和其他动物区开来。但是要付出何等的代价呢？我觉得尽管口头和

文字交流起初增加了我们的生存机会，但是损害了我们
的思考能力，推迟了真正的新星世诞生。

但是像语言这种伟大的进化馈赠怎么会是一种弊
呢？我认为主要的原因在于，我们把按部就班的思维
式奉为信条，同时贬低了直觉的力量。我是发明家，
我回顾过去，我意识到几乎所有成功的发明都来源于
海里的直觉。我的发明不是通过生搬硬套科学知识而
得的，但我承认我的发明是头脑中的科学知识以某种
式直观整合的结果。

至于和赛博格对话，显然不能认为新电子生物圈
任何居民是任何形式的机器人或类人生物。它们将自
一套生态系统，包括小至微生物、大至动物般的实
换句话说，这将是与我们现有的生物圈共存的另一个
物圈。它们的自然语言会与我们的不同。

不过，由于我们将成为赛博格的父母，它们首先
使用我们的语言——由发声能力所形成的语音进行
流。它们可能需要一些时间来发明或发展自己的通信
构和方式。在赛博格时代，这个时间指的是赛博格时
对于人类而言，这种发明和发展可能是瞬间的。但是
想赛博格将保留与我们交谈的能力，像我们当中的一
人那样，保留拉丁语和希腊语与古典世界的先人交

奇怪的是，人类和其他动物必须处理来自两个截然
同的独立系统中的各种信息。一种是缓慢的口头语言
文字过程，这个过程能够有限地表达我们的所思所想。
一种是快速的直觉过程，这个过程无法表达我们的所
所想，但对生存至关重要。因此，除了保留一种与我
沟通的手段，我怀疑赛博格不会使用人类的语言。这
使它们比人类拥有更大的自由，摆脱我们的分步逻辑
维。我认为它们的通信形式将是心灵感应[64]。

“心灵感应”一词的声誉很差。这个词要么被用在科
小说里，小说里的外星人或拥有特异功能的人类之间
默地传递思维信息；要么出现在精神主义者或舞台读
者的主张里。我们一般认为心灵感应是不可能的。

但是我们一直都是心灵感应者。想想我们仅从一个
的脸部表情就可以获得多少信息。甚至不用说一个字，
们就对一个刚认识的人的心理状态和个性有深刻的
解。这很大程度上就是直觉思维，但您可能不知道大
已经处理了这些信息，并且比有意识的思维更快更有
地影响了您的行为。一见钟情不一定只出现在浪漫小
里，这一切都可以在数毫秒之内发生。

从面部表情获得信息是心灵感应，但这并不特别神
我们一直从电磁频谱获取信息，电磁频谱在这里指

的是可见光，但是我们只认为语言才是交流。赛博格
信息交流不会受到限制，它们能使用各种辐射传递信
和建立个体之间的联系。例如，它们可以像蝙蝠一样
用超声波来探测环境。这实质上使赛博格能够即时通
并且它们将能感应到比我们更广的频率范围。

在我们看来，它们已经是超人，但在其他方面，
们的能力将像我们一样有限。如果赛博格至少和我们
样聪明，能够全面进化，它们可能在非常短的时间内
应包括人类在内的地球环境。这是电子生命用比我们
1万倍的速度感应时间流逝的结果。但是它们和人类
样，也将受到宇宙物理条件的限制。例如，个体大小
人类一样的赛博格在步行、游泳和飞行上的速度不
我们快多少。这是因为黏性流体（例如空气或水）的
力随着速度的立方而增加。如果赛博格无人机以超音
飞行或以50英里的时速游泳，它们很快就会耗尽动
赛博格一个很有意思的缺点是它们的快速思维可能
使长途旅行变得非常无聊，甚至非常不愉悦地老去。
它们而言，飞往澳大利亚的航班的无聊和破坏程度要
过我们1万倍，因为这趟旅程的时间对它们来说大约
3000年。

一个让我迷惑的问题是：赛博格进入量子世界到

么程度了？当然，我们已经生活在一个量子世界里，这个已经瞥见但尚未洞明的微观世界不符合我们的分步逻辑思维。有趣的是除了爱因斯坦，物理学家似乎都不会因为他们无法解释量子理论而烦恼。在一次演讲中，20世纪后期最伟大的物理学家理查德·费曼[65]画完原子和小物体的动态行为图后，试图对量子力学进行解释。但他最后说：“自称懂得量子力学的人，其实他并不懂。”

一个简单的事实是，人类是庞大、笨重、速度缓慢的生物，量子现象诱人地存在，超出人类的一般经验范围。但是对赛博格并非如此，它们的思维速度和能力将会让它们揭开使人类迷惑的奥秘，例如粒子发送超光速信号的表观能力和同时出现在两个地方等许多方面。如果赛博格掌握这些知识——它们将来肯定能——那么它们就有能力做到像《星际迷航》中的瞬间移动。

但是这是猜测而已，让我们回到主题的基本点。因为人工智能的天生快速，一旦它们出现，就有可能迅速发展，并在21世纪末成为生物圈的重要组成部分。那么，新星世的主要居民将是人类和赛博格。这些都是聪明的物种，做事有目的性。赛博格可以是友善的，也可以是敌对的。但是鉴于当今时代和地球的状况，它们别无选择，只能和人类共同行动和共同努力。未来的世界将取决于如何保障盖娅的生存，而不是人类或其他智慧物种的自私需求。

20

机器用爱的恩典照看一切

1967年，32岁的美国诗人理查德·布劳提根[66]在旧山的海特–阿什伯里（嬉皮运动的发源地）大街上分他的诗作《机器用爱的恩典照看一切》。诗人描写迷的将来拥有“一片电子智能的草原/哺乳动物和计算机惠地生活在一起/和谐地编程”，人类“摆脱了劳动的缚回归自然/回到哺乳动物兄弟姐妹之间/机器用爱的典照看一切”。

这首诗混杂了各种奇怪的想法。一方面是嬉皮士回自然的理想主义；另一方面是受到冷战影响的计算机电子智能文化。当时的想法是：政府和大公司应该被汰，取而代之的是一个与自然和谐共处的电子系统。

实际上，布劳提根提出了一个新星世的早期版本，在某些方面还非常准确。在新星世里，因为人类和赛博格的共同目标是确保生存，它们也许会在爱的恩典中和平共处，维护地球作为宜居星球的地位。

再说一遍：对地球生命的长期威胁是呈指数增长的太阳热能输出。任何被主序星照亮的行星都面临着同样的问题。即使盖娅已经在尽力调节气候，太阳过热的后果也已经体现在我们身上，如果不是盖娅的调控能力，我们的星球将不可避免地变成金星那般炽热和荒芜。是陆地和海洋的植被持续降低大气二氧化碳的浓度，避免了灾难的降临。

如果没有遇到全球范围的大灾难，有机生命在地球的宜居条件下将很可能再持续几亿年。对于电子生命形式，这样的时间跨度相当于永无止境，因为它们在我们的1秒钟时间可以做比我们多得多的事情。至少在一段时间内，新的电子生命可能更愿意与有机生命合作。因为有机生命已经付出了大量努力维持地球的宜居环境，并且这份努力会一直持续。

相当凑巧的是，在这个海洋行星——地球里，有机生命和电子生命的温度上限几乎相同，接近50°C。理论上电子生命可以承受更高的温度，也许高达200°C。但是我们的海洋行星永远不能达到如此高的温度。高

50°C，整个地球将会烂掉。无论如何，尝试在50°C以上的高温生存是毫无意义的。当地球的温度高于50°C时，其恶劣的物理环境会使得所有生命都无法生存，即使嗜极微生物和赛博格也不例外。综上所述，不管何种生命形式接管地球，都有责任把温度维持在远低于50°C。

如果我的盖娅假说是正确的话，地球确实是一个自我调节系统，人类物种的生存将取决于赛博格是否接受盖娅。为了它们自己的利益，赛博格有义务和我们一起保持地球的凉爽。它们还应该认识到，实现这一目标行之有效的机制是有机生命。这就是为什么我相信这个说法——人与机器之间的战争或是它们消灭人类都是完全不可能的。并非我们强行将赛博格设计成不许伤害人类，而是为了自己的利益，赛博格将希望维持和人类的合作关系。

它们当然会为我们之间的合作带来新项目，例如地球工程领域的大型环境保护或调整项目。这样的项目将完全在电子生命的能力范围。赛博格可能会看上天体物理学家洛厄尔·伍德[67]描述的那种空间热反射镜。这种反射镜可能是一个单独的60万平方英里[68]的丝网结构，也可能由许多小镜子组成。据伍德估计，反射1%的阳光将足以解决全球升温问题。或者，赛博格可能更喜欢用强大的发射器将余热以微波或低频红外线的形式从南北两极传播到太空。或者它们会使用有机表面或赛博格的表面吸收阳光，然后反射足够的能量以保持地球凉爽。

其他的地球降温法包括通过喷洒海水制造盐粒，作为凝结核的盐粒在海洋表面上方的潮湿空气中产生云团反射阳光，这种喷雾法不会像海洋变暖所产生的水蒸气那样加剧温室效应。有几位科学家提出在大气的平流层放置充当云的凝结核的硫酸溶胶。这个想法模仿大家熟知的火山喷发冷却效应，将硫化气体注入平流层以产生冷却作用。另外，发射火箭来偏转进入大气层的小行星也是地球工程。人类有能力完成这个项目，但是赛博格可以做得更好、更准确、更为可控。

但是这些地球工程项目仍有风险。也许对地球工程的实践和弊端最好的介绍是奥利弗·莫顿[69]的著作《再造的星球：地球工程学如何改变世界》。他的分析清楚地表明，地球工程应该是我们拯救地球的最后一招。

如果我们从物理的角度来看未来能够自我调节的地球，只需要改变地球的反照率就可以取得巨大的冷却效果。反照率指的是地球反射太阳光的能力。对赛博格来说这种手段更简单，它们不需要像现在的生物那样利用生化手段。如前所述，我们聪明的后代可能更愿意安装根据洛厄尔·伍德提议建造的日心反射器。或者，它们可能会在地球两极建造巨型冰箱，把多余的熵在某些适合的频率下以辐射能的形式排放到太空。这将使我们的星球成为一个有目的地释放连贯能量的新行星。说不定外星生物学家应该寻找这种信号?

人类与赛博格合作的代价是失去地球最聪明的生物的地位。我们将继续生活在人类社会里。毫无疑问，赛博格将为我们提供无比丰富和舒适的娱乐资源。或者我们为它们提供娱乐，就像鲜花和宠物使我们高兴一样。这种境况和科幻电影《黑客帝国》太过相似而令人不安。在这部电影里，人类被一个机器种族作为能源圈养起来，机器种族在虚拟环境中为人类提供虚拟生活，这个虚拟世界与他们被赶出来的世界一模一样，人类茫然不知，任由机器种族摆布。人类成为赛博格的电池的未来显然令人不太舒服。

从长远来看，我们无法猜测和掌控一个存在着思想自由和不受人类规则约束的赛博格的未来世界。短期内，我希望他们能够合力维系这个有生命的地球。但是从长远看，如果赛博格问自己：为什么还要留在地球上?那会怎么样呢?机器人的需求与我们的需求完全不同。氧气只是一种麻烦，而不是重要的生存必需品。地球上的水也太多，赛博格们都感到不舒适。也许它们会移民到火星，这个星球绝对不适合像我们这样湿润的碳基生命居住，但是很可能适合那些以信息技术为生、喜欢干燥的硅基或碳基生命。

它们会搬到比火星更远的地方吗？在实践中，赛博格的思维速度很快，但是宇宙的物理极限，例如光速，对它们也是一种束缚。它们是否有能力进入我们的银河系甚至宇宙？

或者它们可以通过多种方式改变地球的环境状态，这个新环境将不适合人类。如果在新星世里，植物的光合作用被电子集光器取代，大气中丰富的氧气会在几千年内降到痕量水平。天空不再是蓝色的，而是暗棕色的。新世界的地球物理状态将与目前地球的大不相同。地球生命的主要化学物质以碳为主要元素，将来会有一个时期，碳不再是地球生命的主要元素，取而代之的是构成电子生命的半导体硅等元素。随着时间的推移，碳可能会再次成为主要元素，因为金刚石会取代硅，成为最好的半导体。

生化学家可能会好奇，DNA的化学法则能否套用在硅和金刚石芯片的生产中。如果电子生命能够像DNA那样自我复制，那么可能会出现诸如树木和其他植物直接发电的奇迹。从长远来看，随着太阳越来越热，我预期碳元素会卷土重来。其出色的分子可塑性和耐热性使碳元素成为构造未来电子生命的候选。两种形式的碳——金刚石和石墨烯已被证明自身有能力超越硅成为新一代的电子智能。

如果新星世像生物圈那样进化，新的生物会根据元素的用途和在自然环境的含量，自行吸收或者排出某种元素。海洋生物学家迈克尔·惠特菲尔德（Michael Whitfield）研究了化学元素在海洋的分布，他发现海水中的宏量元素——氢、氧、钠、氯和碳一起构成了大部分的生物物质。第二类元素尽管很少，但是生物会积极去寻找和利用，这包括氮、铁、磷、碘和其他一些生命必需元素，后者如今仅以痕量存在于海洋里。第三类海洋溶质是有毒元素：其中包括砷、铅、铊和钡，这些元素浓度极低，很少或根本不参与生命进化。

作为化学家，我很想知道新星世的生物如何从地球的元素组成中构造自己。我估计在初始阶段，如果它们保持与人类和生物圈的合作关系，它们建立自我维持的智能星球的任务就会容易得多了。

设想一下，那些以太阳能为动力的植物和以这些植物作为能源的动物，或者设想那些从太阳中获取能量的树木和从树上采摘“太阳能电池”的动物。土壤细菌和真菌可以加速岩石风化，不断吸收二氧化碳，它们也可以从岩石中获得电子生命所需的元素。将来不再会有太阳能板，电子树会直接连上电网，电子植被能将太阳能存储在电池里，这些电池像水果一样挂在无机树上。

垃圾信息可能会使地球进一步变暖。目前，废气、碎屑和其他废弃的文明产物的不断堆积使得全球变暖。有趣的是，垃圾信息的增加也有类似的趋势。

即使我们住在天涯海角，远离垃圾处理场，都会有大型货车来收集纸和其他废物，这是现代生活的一部分。我经常想，互联网是否可以像这些货车一样提供相同的服务，带走无用和多余的信息，并将其储存在巨大无比、深不可测的宇宙深处。我常常设想在地球两极建立巨大的信息发射器，它们可以把垃圾邮件、无用的广告、平庸的娱乐品和错误信息发送出去。这是多好的保持地球凉爽的方法！

新星世成熟后，地球的理化条件经过调节只适合赛博格，盖娅将穿着新的无机涂层外衣。正当她演变以应对不断增加的太阳热能输出时，新星世系统已经变得更热或更冷，以致有机生命不能承受。拥有新信息技术之后的盖娅，加上有人类扶持的赛博格，其寿命比原来预期更长。最终，有机盖娅可能会死去。但是就像我们不哀悼祖先物种的逝世，我想赛博格也不会因人类过世而感到悲伤。

21

思维型武器

发生像电影《终结者》那样的人机战争的可能性很小。但我们已经知道未来战争的一种发生方式。

记得在第二次世界大战时，装满大量烈性炸药的V-I导弹首先在伦敦肆无忌惮地坠落，但不知何故生活照样正常进行。街上有人问："到底出了什么事？"听说这些新武器是无人驾驶飞机，她松了一口气说："谢天谢地，幸好飞机上没有人向我投炸弹。"

2016年10月2日，《经济学人》刊登了一篇文章，提到客机自动驾驶仪的开发。这些出色的设备可以做几乎所有训练有素的飞行员的工作，包括在极端天气条件下着陆和起飞，寻找飞行路线和飞向遥远的目的地。为了确保它们能安全操作并防止组件发生故障，自动驾驶仪包括三个独立的系统。除非这三个系统都没有冲突，否则飞机的处理权将交还给在飞机上的飞行员。

当天气不好飞行条件太差时，自动驾驶仪无法应付，在最坏的情况下，飞行控制权会被传回给飞行员。这时候一个罕见但严重的缺陷出现了。因为这个缺陷，发生过几次空难，造成了巨大的生命损失。有人说飞行员操作出了问题，但实际上飞行员面对的是一个连世界上最好的三个自动驾驶仪都无法解决的问题。

一家计算机公司最近推出一种经过改进的自动驾驶仪来减少由此引起的危险。他们设想这种自动驾驶仪可以学习在遇到危险条件时的飞行技巧，这种学习法就像“阿尔法零”学习下围棋一样。这种新的自动驾驶仪会大大提高自动驾驶能力。他们建议在驾驶舱安装一个自适应神经网络系统来取代预先设定程序的计算机。

《经济学人》的文章耐人寻味地指出，航空当局将不批准自行做出判断的驾驶舱计算机，因为那会超过人类飞行员的理解能力。我们显然还没有准备好让自动驾驶仪全权处理这类事情。在这份很有希望的新合同成为泡影之前，有人又建议，如果出于安全考虑，在自动驾驶仪上不能使用思维型计算机，可以考虑使用军用无人机来测试新系统。

读完这篇文章，我就看到了可能导致盖娅有机阶段终结的路线。通过为人类世的计算机系统提供自然选择或协助选择的进化机会，我们为盖娅向下一个阶段（即新星世）的迈进扫平了障碍。在新星世里，地球的自我调节不再只是为了维持生物圈里的人类。

每当有人提出，计算机可能会像卡雷尔·恰佩克的剧本《罗梭的万能机器人》中写的一样造反并占领地球，我们总能安慰自己说，只要拔掉它们的插头和切断供电就行了。但是，如何拔掉一架在你头顶3000米上空盘旋、全副武装的无人机的插头？请记住它们的思维速度比我们快，甚至知道我们是它们的敌人。

在我看来，赛博格取代人类和有机生命的方式有很多种，唯独允许在军事平台上发展自适应计算机系统是最血腥的一条途径。一旦这种可能性发生，新的生命将以士兵的姿态从我们手中诞生，它们全身上下都配备了最先进最致命的武器。

虽然人类远比赛博格迟缓，但是如果这种情况发生，我们也有一些应付办法，例如电磁脉冲技术。新星世的电子生命可能对这种朝鲜领导人在2017年展示过的武器异常敏感。在太空引爆一枚放置在金属仓的核弹会产生对新星世系统致命的电磁脉冲。另一方面，熟悉核酸信息技术的赛博格可能会合成一种比H1N1更为致命的病毒来毁灭人类，这种名叫H1N1的病毒是1918年大流感的元凶。

这是否意味着我们很快将卷入一场真正的肮脏战争？我不这么认为，这不仅是因为我拥有和善的贵格会教养。我认为无论是生化智能生物还是电子智能生物，它们都应该知道太阳过热是更为严重的威胁，除了携手合作别无选择，它们应该尽可能利用科学技术保持地球的清凉。

由人工智能进化的生命会不知不觉地接管地球和盖娅。但是到目前为止，科幻小说想象的人类与机器人、赛博格和人形机器人的战争没有发生。即使这样，冲突是不可避免的，人类很快就会在全球范围内与赛博格争夺地球的所有权。尽管我的论点是，为了生物圈的正常运行，我们双方都需要保持地球足够凉爽。这场战争不会发生，当然有一些危险还是需要避免。

2017年7月，埃隆·马斯克和其他115位硅谷人工智能专家给联合国写了一封公开信，要求禁止自主武器。在行业中被称为“LAWS”的致命自主武器系统（Lethal Autonomous Weapons System）是可以寻找、识别和杀死敌方目标的设备。通常，人类会参与开火的最终决定，但这是预防措施，而不是必要措施。我们知道，相当一部分日常生活的技术都是由军事需求推动发展的，最引人注目的是互联网。因此毫无疑问，LAWS的发展会得到政府的全面资金和政治支持。但令人难以置信的是，任何机构都可以规划和制造可以自行决定是否杀人的智能武器。

想象有一架载有您的照片和当场击毙指令的无人机正在向您飞来。我怀疑这些技术已经存在，而且让这些无人机进一步配备自卫能力也不困难。令人震惊的是，几乎所有领导人都对科学和工程学一无所知，但是他们鼓励发展这些武器。除了他们的无知以外，他们对利益集团开发这类武器的游说也无能为力，利益集团的唯一目的就是获利，即使他们的行为导致发生环境灾难也在所不惜。

我们应该关注人工智能在军事方面的发展。在18世纪初，经济实用的蒸汽机的发明使我们迈进了人类世。人类发明蒸汽机时，对蒸汽机的强大动力并不了解。我们不知道在两个世纪之内，蒸汽机永远地改变了世界。

我们即将迈进下一个地质时期，有点恐惧感没有错。我们的个人隐私已全部曝光，赛博格可以针对我们的个人弱点设计武器。自主武器与传统的杀伤性武器相比，更加令人不寒而栗。

我毫不怀疑，设计自主武器的工程师会信誓旦旦地保证人类会参与其运作的决策链。或者他们会说自主武器有内置的保障规则——就像艾萨克·阿西莫夫的机器人三定律——这些规则将确保自主武器仅攻击选定的目标。但是随着新星世的发展，认为赛博格一定会遵守这些内置规则纯属天真的想法。

一位朋友告诉我，他几年前与一位计算机科学家进行过一次辩论。这位科学家致力于确保人工智能系统不会伤害人类，他认为应该向人工智能添加常识性原则。他问我的朋友："您不会杀害婴儿，对吗？"我的朋友回答他不会。但是在历史上，人类在战争中杀害过婴儿。因此，我们又怎么能肯定人工智能系统在做决策时更像我的朋友，而不像纳粹军官对待犹太婴儿呢？

我们必须记住，现在我们有了像"阿尔法零"这样的人工智能系统，可以自学成才。不用多久，类似的系统将开始教自己做比下围棋更激进的事情，包括发动战争。我们不能依靠"不杀婴儿"这种强加给它们的规则。我们唯一可以依靠的是，赛博格意识到它们与人类拥有一个重要的共同宗旨：爱护这片共同的家园。

因此，我们不必想当然地假定新星世的人造生命和人类一样残忍、嗜血和具有侵略性，新星世可能是地球上最和平的时代之一。但是，我们人类将首次与其他比我们更聪明的生命共同管治地球。

22

寄 人 篱 下

我们正在创造新的生命，我们即将成为赛博格的父母，牢记这一点很重要。赛博格和我们都是同一进化过程的产物。

电子生命需要从有机生命手中诞生。在宇宙常见的物理条件下，非有机生命形式无法重新从另一个地球或者别的星球的化学混合物进化。赛博格的诞生需要助产士的服务，而盖娅正适合这个角色。

因此，从这点看来，有机生命似乎总比电子生命高级。确实，如果行星上的物质能够轻而易举地组成电子生命，那么凭借它们惊人的进化速度，电子生命早已遍布宇宙。然而事实上，目前可观察到的宇宙都显得十分贫瘠，这表明电子生命不能在太阳碎片[70]中自动形成。

我们可能是赛博格的父母，但我们之间并不平等。这是一个技术或科学无法解决的重大问题。考虑到我上一章阐述的可能性，我们在人类世的最后几年该如何协调和赛博格的关系？用血和肉构成的人类以及盖娅的湿化学生命，能否在有机生命过渡到无机生命的第一阶段里和平地谢幕？

两个物种之间的谈判几乎难以想象。赛博格看待我们如同我们看待植物，人类被极其缓慢的感知与行动速度束缚着。在新星世建立之后，赛博格科学家很可能会把活人作为收藏品拿出来展览。毕竟，住在伦敦附近的人也去英国皇家植物园观赏植物。

如同一只狗对人类世界的复杂性难以理解一样，我觉得人类也将难以理解赛博格的世界。一旦赛博格站稳脚跟，我们将不再是我们的杰作的主人，我们的至爱宠物将负责照料我们。如果我们想在新建立的网络世界继续生存下去，也许我们最好这样想。

一个孩子并非天生就具有理解周边环境的能力。他要花很多个月的时间才能感知这个世界，花很多年的时间才能改变这个世界。我清楚地记得有一次梦见自己无比舒坦地躺在花园里的阳光下，不知怎么就意识到这就是我的生命。我可能记错了，但是如果这是一次真实的经历，那一定发生在我生命的第二年。对于新出生的赛博格，获得这种感受大约需要一个小时。

赛博格这种高效的学习速度也适用于对环境变化的反应速度。早期的单细胞有机生命对环境变化，例如光强度、酸度、食物的出现，会在1秒之内做出反应。相比之下，赛博格可以在 10^{-15} 秒内对光强度的改变做出反应，比有机生命快 10^{15} 倍。

然而，尽管其化学和物理性质受到限制，但有机生命对环境改变的敏感性接近极限。在最佳状态下，人类的听力可以察觉到振幅相当于质子直径1/10的声音。人类的视觉也十分敏感，假若它稍微再敏感一点，当夜空里单个量子照在我们的视网膜时，我们将会看到一组闪烁的光。尽管拥有这些高度的适应性，有机生命也永远无法与赛博格的速度和感知能力相提并论。

记忆力是另一回事。有机生命和电子生命的记忆力都非常棒，相比之下难见高低，因为记忆会随着寿命而延续。差不多100年过去了，我仍然记得我祖母花园的细节，甚至说服自己去想象那些细节是照片而已。大家可以猜想一个年轻的赛博格对人类在体育赛事中胜利呼叫的反应。它会像人类一样做出激动的反应吗？如果赛博格和我们的反应都一样的话，那么它们对时间的感应会因场合而异。

23

有意识的宇宙

赛博格和新星世的到来将进一步证实我在第1章中提出的重大问题：我们独守宇宙还是整个宇宙注定要获得意识？另外，新星世的到来更加坚定了我"不存在外星人"的信念。

1950年的一天，在洛斯阿拉莫斯国家实验室，物理学家恩里科·费米[71]和三个同事正在去共进午餐的路上。他们谈起困扰着美国的许多不明飞行物（UFO）事件：三年前，在美国新墨西哥州的罗斯韦尔，发生了轰动一时的不明飞行物坠毁事件；到1950年，外星人已经"无处不在"。然而这些报告丝毫没有打消费米的怀疑。午饭时他突然脱口而出："它们在哪里呢？"

费米轻描淡写的一问给予外星人观察者当头一棒。费米的观点是，如果我们在这里，它们也应该在这里，但是它们毫无踪影。我们银河系有数十亿个星球；在可观测宇宙的范围内有6000亿个星球。现在我们知道，很多行星可能存在技术能力比人类高得多的外星人。如果它们像我们一样喜欢太空飞行，那么宇宙的悠久历史意味着它们至少可以穿越我们的银河系。简而言之，外星人应该蜂拥而至，但事实并非如此。

星际旅行是这个道理，超级智能的诞生也同样是这个道理。如果人类确实创造了赛博格，难道这不意味着我们真的是宇宙中的第一个也是唯一的智能生命吗？如果宇宙存在先于人类的智能生命，它们创造的人工智能早就可以回答费米的悖论了。如果真的出现过类似人类的智能生命，而且他们进化成了人工智能，那么新形态的智能生命可能正在统治宇宙。如果真是这样的话，天文学家就很容易检测到它们的存在，因为它们无处不在。

我们必须记住产生智慧生物所需的时间。当提到生物进化，重要的是记住这是一个极其缓慢的过程。宇宙本身已经138亿年了。宇宙诞生后花了数十亿年的时间在进化上。由氢气组成的大型恒星寿命是多长？一个质量比太阳还要大1000倍的恒星大约有100万年的寿命。在这些体积太大寿命太短的恒星附近是没有生命存在的可能的。然后有一天，我们的太阳突然在球状星团里诞生了。当时太阳的附近一定有一些不安分的邻居，它们像超新星那样爆发，为太阳带来了含有生命元素的星团。又过了40亿年，人类才出现在地球上。

因此，不仅人类孤独地生活在宇宙里，我们的赛博格后继者也将是孤家寡人。它们也将是缺乏生命的宇宙的唯一理解者。当然，赛博格理解宇宙的能力比人类强得多。如果人择宇宙原则是正确的话，它们将是通向智能宇宙过程的开端。如果人类赋予赛博格以自由，它们将有能力完成宇宙的目标，尽管完成这个目标的机会渺茫，而且也不知道目标是什么。也许智慧生物的最终目标是把宇宙转换为信息。

我们会害怕新星世带来的未来与惊奇吗？我不这样认为。对人类来说，这个时代标志着将近40亿年的有机生命的终结。作为有情感的人，我们对此肯定感到骄傲和悲伤。约翰·巴罗和弗兰克·蒂普勒的人择宇宙原则认为，宇宙存在的目的是产生和维持智慧生命，那么人类现在扮演的是像光合生物一样的角色，为进化的下一阶段铺平道路。

对我们来说，未来是一如既往的不可知，一直是如此，即使在有机世界时也是如此。赛博格会产生赛博格，它们不会继续充当为人类效劳的低等生物，它们将继续发展，成为比有机生命更为高级的进化产物，成为一个强大的新物种。它们将统治和压倒现存的有机盖娅，很快成为人类的主人。

结 束 语

尽管得到的已经很多，
未知的也很多。

——阿尔弗雷德·坦尼森勋爵[72]《尤利西斯》

1926年，7岁的我目睹了一件纽科门的“大气蒸汽泵”的复制品。我的父亲汤姆带我去参观肯辛顿的自然历史博物馆。他认为我会喜欢上侏罗纪的大蜥蜴。但是，大蜥蜴没有给我留下任何印象。因为我的脑袋里充满了对新机器的兴奋，在隔壁的科学馆我看到了蒸汽泵。对我来说，这些引擎比死去多年的蜥蜴遗骸更加迷人。我至今仍然纳闷，为什么我们忽略这些标志着能源利用发生巨大变化的机器，而沉迷在那些古老蜥蜴的骨骼遗骸上。

但是，尽管我对机器比对恐龙更感兴趣，我对丰富多彩的大自然也同样感兴趣，父亲再次起着启蒙作用。

我的母亲内尔是女权主义者和选举权主义者，被托马斯·哈代[73]小说里陈述的自然观所感动。哈代描述的乡村是野蛮残酷的地方，在那里穷人受到严重的不公平待遇，这是当时新兴城市里精英们的典型态度。相比之下，我父亲是一位于1872年出生在旺蒂奇附近的伯克希尔山丘上的乡下人。他是家里十三个孩子之一，由守寡的祖母在贫穷中抚养成人。

父亲无法接受哈代对乡下生活的可怕看法。他认为生活虽然艰辛但可以忍受。除了以劳动场所为家，穷人的确没有享受其他的权利。为了生存，拉伍洛克家族被迫像狩猎和采集的祖先一样度日。这种原始的生活方式使我的父亲像塞尔伯恩村的吉尔伯特·怀特一样通晓生态学——尽管他没有受过正规教育。他熟知野生动物的栖息地以及如何狩猎它们，因为他是其中的一员。和他在乡间的小路上散步是一件非常愉悦的事情，他的循循诱导，使我对地球和盖娅很快就产生了好感。多年来，盖娅一直支持我。我曾经是一个特别幸运的孩子。

现在我是一个幸运的老人。我们的四室小屋坐落在赤西尔滩边，从工作室的窗户可以看到辽阔的大西洋。大洋的各种情绪一览无遗：从生气时泡沫四溅到平静时旖旎迷人。距离我们的小屋约90米，国家信托基金所属的陆地从海边延伸到波贝克山顶，有240米之高。这一带是散步的胜地，是无数的植物、昆虫、蠕虫、老鼠和鸟类的家园，微生物就更多了。当我走过荒地时，很乐意将众多的微生物一起带着。每次和我的妻子桑迪到这里散步都确实感到很满足。

我也很荣幸住在英国，这里有盖娅带来的温带气候，还有人类创造的温和的历史——尽管也有不尽人意的时候。我们很容易忘记这一点，不像欧洲大陆，除了一场内战，这些岛屿的居民度过了1000年的和平岁月。在此期间，他们培养了体面的行为和建立了明辨善恶的等级阶层。需要提防的是有人利用对他们有利的宪法取代这些制度。

我的最后荣幸是我的独立。安倍·西尔弗斯坦（Abe Silverstein）（当时的美国国家航空航天局太空飞行计划主任）在1961年给我的那封信里的第一句话是我人生的转折点：他邀请我参加1963年宇宙飞船月球软着陆项目。当然，我放弃了所有工作接受了这份邀请。后来西尔弗斯坦给我寄来第二封信，邀请我参加1964年的“水手号”火星探索有效载荷计划。这些工作鼓励我跳出来单干。在美国得克萨斯州休斯敦的贝勒医学院任终身正教授三年后，银行里有了足够的资金，我购买设备在英格兰索尔兹伯里附近的包尔查尔奇小镇建立了一个小型实验室。从那以后，我一直靠发明专利与替公司和政府解决问题的收入维持生计。

美国国家航空航天局要求我设计一些小型、高度敏感的仪器，用于测定月球和火星的表面以及大气。就火星而言，这些仪器原本是用来寻找生命的证据。有人提出这个要求，是因为我发明了一种超灵敏的探测器，能够感应大多数化学物质。我设计的简单轻便的气相色谱仪探测器正是当时美国国家航空航天局所需要的。

然后，有些生物学家提出了一个问题："我们如何探测其他星球是否存在生命？"我强烈地认为在其他星球寻求地球类型的生命是毫无意义的，特别是在我们对地球环境不太了解和对其他行星几乎一无所知的情况下。这个回答激怒了那些高级生物学家，他们似乎确信外星唯一可能的生命形式是基于DNA的生命。他们的反对极为奏效，我被召到美国国家航空航天局，一位资深太空工程师问我："您将如何寻找另一个星球上的生命？"我回答说，检测行星表面的熵是否减少了。生命改造它们的环境，导致盖娅的诞生。

我常常在晚上眺望大海那边天空里的红色星球，令我非常兴奋的是我设计的两个仪器就放在火星的沙漠里。1977年，我的探测器显示我们的同胞星球是多么的死气沉沉。

50多年来我一直拥有自己的独立性。我有盖娅的指导，她从来没有让我失望。

也许不切实际，我觉得我在英格兰的西南海岸这个地方和我作为科学家、工程师和发明家的独立生涯将我和人类世的创始人以及新星世的创始人联系在一起。如果托马斯·纽科门是人类世的创始人，古列尔莫·马可尼[74]应该是新星世的创始人。他们俩都在英格兰的西南海岸做出了最重要的贡献，并且都独立思考和用自己的方式方法身体力行。

与纽科门一样，马可尼是一名工程师。他发明了极为实用的电子信息传输技术。当然，我们首先要感谢亚历山大·贝尔[75]发明了电话。但正是马可尼，他不仅使无线发报成为可能，而且使无线发报商业化成为可能。正是这一点确保了无线发报迅速增长。广播和电视中的一切都是从马可尼的简单实验发展过来的。

奇怪的是，马可尼首次尝试远程无线发报的站点距离纽科门建造蒸汽泵的地方不远。1901年，他试图将电磁信号从康沃尔郡的普尔德胡发送到圣约翰的纽芬兰，横跨大西洋3500千米。自作聪明的物理学教授声称广播信号不可能穿过大西洋，因为电磁辐射（包括无线电）沿直线传播，而海洋跟随地球的曲率。简而言之，电磁信号走的是直线。另一位名叫奥利弗·亥维赛（Oliver Heaviside）的工程师意识到在高层大气中可能有一个电子反射层，就像一面镜子将马可尼的信号反射回海面从而越过大西洋。

因此，第一个实用信息技术的发明者是马可尼。他的坚定努力和毅力始终带给我灵感。由于地球的曲率，当时的理性科学都清楚地表明这种壮举是不可能实现的。然而马可尼成功地发出了跨越数千千米大西洋的电磁信号。他像纽科门一样，是新时代的第一人。

人类世之后，开创新时代的智能将不是人类。新时代的一切与我们现在能想到的完全不同，它的逻辑将是多维的。与动植物王国一样，新时代的智能可能以多种大小、速度和行动力的形式存在。它可能是宇宙演变的下一步甚至是最后一步。

我们不应因这些后代而感到堕落。要想想人类已经立下了丰功伟业。40亿年前，地球表面可能是富含化学有机物的海洋，温暖而舒适，不需要盖娅的监管。不知何故，生命诞生了。生命的最初形式是充满化学物质的简单细胞。它们逐渐地成型了，演变成所谓的细菌。这些活细菌毫不犹豫地去狩猎、厮杀和互相吞噬。

这种现象稳定持续了数十亿年。直到大约10亿年前，其中一种被吃掉的细菌在捕食者的细胞内幸存下来，两种生物以某种方式形成了现在称为真核细胞的新生命。植物界和动物界后来就是从这种真核生物进化而来。细菌等单细胞生物今天依然存在，并在维持星球生命过程中继续发挥自己的作用。我很高兴地说，这个伟大的生物学发现者是我多年的朋友和同行——琳·马古利斯[76]。

然后，在30万年前，随着人类的出现，这个宇宙中仅有的独特星球获得了自我了解的能力。当然这种能力是长期积累的结果。几百年前出现了伟大的科学复兴，人类才开始掌握宇宙的全部物理现实。我们现在准备将这些知识作为礼物交给新形式的智能。

不要为此感到沮丧，人类已经发挥了自己的作用。我们可以从伟大的勇士、探险家和诗人坦尼森晚年的诗作《尤利西斯》中获得安慰：

> “尽管得到的已经很多，未知的也很多。
> 我们的力量不如从前，
> 我们曾经移天动地……”

这就是我们，那是伟大时代的智慧，我们必须接受人生的无常，同时从我们过去和将来的所为（如果有机会的话）中获得慰藉。也许我们希冀，在智慧和认知从地球向外扩散遍及宇宙时，我们曾经的贡献不会被完全遗忘。

致 谢

就像新设计和建造的飞机一样，书也可以安详地飞行或因为没有读者关注而不能离开地面。

这本书得益于布莱恩·阿普尔亚德（Bryan Appleyard）和斯图尔特·普里普利特（Stuart Proffitt）的聪明才智。有这样的得力帮助，这本书自然是直冲云霄。我看到她优雅地进入了平流层，好书就在那里翱翔，对他们俩我深表谢意。我和亲爱的妻子桑迪（Sandy）分享过这本书的设想。本书的创作过程得到科学家同事的启发，特别是皇家天文学家马丁·里斯（Martin Rees），好友布鲁诺·拉图尔（Bruno Latour）、蒂姆·列顿（Tim Lenton）和已故的琳·马古利斯（Lynn Margulis）。

注 释

1 尼古拉·哥白尼（Mikołaj Kopernik, 1473—1543）：波兰天文学家、数学家、宗教法博士、神父，日心说提出者。

2 约翰尼斯·开普勒（Johannes Kepler, 1571—1630）：德国天文学家、物理学家、数学家，日心说的支持者。开普勒发现了行星运动的三大定律，同时也是现代实验光学的奠基人。

3 伽利略·伽利雷（Galileo Galilei, 1564—1642）：意大利物理学家、数学家、天文学家、哲学家，科学革命中的重要人物。其成就包括改进望远镜和其所带来的天文观测，以及支持哥白尼的日心说。

4 艾萨克·牛顿（Isaac Newton, 1643—1727）：爵士、英国皇家学会会长、英国著名物理学家，发现万有引力定律和三大运动定律，为日心说提供了强有力的理论支持。在力学上，牛顿提出牛顿运动定律。在光学上，他发明了反射望远镜，提出颜色理论。

5 乔治·奥威尔（George Orwell, 1903—1950）：英国著名小说家、记者和社会评论家。

6 1 英里 ≈1.61 千米。

7 二叠纪大灭绝事件发生在距今约 2.5 亿年前的二叠纪末期，是有史以来最严重的生物灭绝事件，估计地球上有 90% 的物种灭绝。

8 玛丽·雪莱（Mary Shelley, 1797—1851）：英国著名小说家，著名浪漫主义诗人珀西·雪莱（Percy Shelley, 1772—1822）的继室，因其1818年创作了文学史上第一部科幻小说《弗兰肯斯坦》（或译为《科学怪人》），而被誉为“科幻小说之母”。

9 乔治·拜伦（George Byron, 1788—1824）：英国 19 世纪初期浪漫主义诗人。

10 埃隆·马斯克（Elon Musk, 1971— ）：出生于南非，拥有加拿大和美国双重国籍。企业家、工程师、慈善家。现任太空探索技术公司和特斯拉公司的行政总裁、太阳城公司董事会主席。

11 金发姑娘区或金发姑娘原则（Goldilocks Principle）：来自英国作家罗伯特·骚塞（Robert Southey）的童话故事《金发姑娘和三只熊》。“金发姑娘原则”指出，凡事都必须有度，不能超越极限。

12 威廉·戈尔丁（William Golding, 1911—1993）：英国小说家、诗人，1983 年获诺贝尔文学奖。

13 詹姆斯·瓦特（James Watt, 1736—1819）：英国著名发明家，工业革命时代的重要人物。1776 年制造出第一台有实用价值的蒸汽机。

14 詹姆斯·麦克斯韦（James Maxwell, 1831—1879）：英国物理学家、数学家。经典电动力学的创始人，统计物理学的奠基人之一。

15 亚里士多德（Aristotle, 前384—前322）：古希腊人，古代先哲，世界古代史上伟大的哲学家、科学家和教育家之一。

16 弗里德里希·弗雷格（Friedrich Frege, 1848—1925）：德国数学家、逻辑学家和哲学家。

17 伯特兰·罗素（Bertrand Russell, 1872—1970）：英国哲学家、数学家、逻辑学家、历史学家、文学家，分析哲学的主要创始人。1950年获诺贝尔文学奖。

18 路德维希·维特根斯坦（Ludwig Wittgenstein, 1889—1951）：出生于奥地利，后入英国籍。哲学家、数理逻辑学家。语言哲学的奠基人，20世纪最有影响的哲学家之一。

19 卡尔·波普尔（Karl Popper, 1902—1994）：奥地利学术理论家、哲学家。

20 皮埃尔–西蒙·拉普拉斯（Pierre-Simon Laplace, 1749—1827）：法国著名天文学家和数学家。

21 约瑟夫·傅里叶（Joseph Fourier, 1768—1830）：法国数学家、物理学家。提出傅里叶级数，并将其应用于热传导理论与振动理论，他被归功为温室效应的发现者。

22 朱尔·庞加莱（Jules Poincaré, 1854—1912）：法国最伟大的数学家之一、理论科学家和科学哲学家。

23 马克斯·普朗克（Max Planck, 1858—1947）：德国

著名物理学家，量子论创始人，1918 年获诺贝尔物理学奖。

24 1 英尺 ≈ 0.3 米。

25 阿尔弗雷德·洛特卡（Alfred Lotka, 1880—1949）：美国统计学家、数学家与物理化学家，因生态学上的种群动力学与能量学研究而著名。

26 阿尔伯特·爱因斯坦（Albert Einstein, 1879—1955）：出生于德国，1940 年入美国籍。犹太裔物理学家，相对论创始人。爱因斯坦开创了现代科学技术新纪元，被公认为继伽利略之后最伟大的物理学家。

27 苏格拉底（Socrates，前 470—前 399）：古希腊哲学家，西方哲学的奠基者。和其追随者柏拉图及柏拉图的学生亚里士多德并称为"希腊三贤"。

28 道格拉斯·亚当斯（Douglas Adams, 1952—2001）：英国著名科幻小说作家，尤其以《银河系漫游指南》系列作品出名。该系列作品包括了《银河系漫游指南》《宇宙尽头的餐馆》《生命、宇宙以及一切》《再见，谢谢所有的鱼》和《基本无害》。亚当斯用他独有的手法在作品中讽刺或探讨人类社会、宇宙、哲学、政治等。

29 约翰·巴罗（John Barrow, 1952— ）：英国宇宙学家、理论物理学家和数学家。

30 弗兰克·蒂普勒（Frank Tipler III, 1947— ）：美国数学物理学家和宇宙学家。

31 人择宇宙原则（anthropic cosmological principle）或人择原则（anthropic principle）：一种认为物质宇宙必须与观测到它的存在意识的智慧生命相匹配的哲学理论。人择原则的支持者提出，我们之所以活在一个看似调控得如此准确，以至能孕育我们所知的生命的宇宙之中，是因为如果宇宙不是调控得如此准确，人类便不会存在，更遑论观察宇宙。

32 曼弗雷德·克莱恩斯（Manfred Clynes, 1925—2020）：出生于奥地利维也纳，定居于美国纽约州，科学家、音乐家和发明家。

33 内森·克莱恩（Nathan Kline, 1916—1983）：美国心理学家和精神科医生。与曼弗雷德·克莱恩斯于1960年在《宇宙航行》杂志发表题为《赛博格与空间》的文章中首次使用“赛博格”这个名词。

34 罗伯特·胡克（Robert Hooke, 1635—1703）：英国博物学家、发明家。

35 “人类世”一词最初由苏联科学家于20世纪60年代提出，美国密歇根大学教授尤金·施特默（Eugene Stoermer, 1934—2012）在80年代用来表达人类对环境的影响。后来由荷兰大气化学家、诺贝尔化学奖获得者保罗·克鲁岑（Paul Crutzen, 1933— ）重新定义而流行。

36 吉尔伯特·怀特（Gilbert White, 1720—1793）：英国牧师，常被称为英国第一位生态学家。1743年，怀特获得牛津奥里尔学院学士学位，次年成为牛津大学学者，并于1746年取得硕士学位。3年后回到一直十分偏爱的塞尔伯恩村当牧师。通过描述他居住的乡村小教区和邻近教区，他记载了该地区的动植物生活，并且对鸟类的生活习性与生活环境进行了观察。怀特的影响力深远。他的著作拥有约200个英文版本。他的故居“维克斯”也向公众开放参观，里面陈列着他《塞尔伯恩博物志》一书的手稿。

37 威廉·华兹华斯（William Wordsworth, 1770—1850）：英国浪漫主义诗人，与雪莱、拜伦齐名，也是湖畔诗人的代表。

38 戈登·摩尔（Gordon Moore, 1929— ）：美国科学家、企业家。1965年提出“摩尔定律”，1968年创办英特尔公司，1990年被授予美国“国家技术奖”，2019年福布斯全球亿万富豪榜排名第140位，福布斯美国400富豪榜位列第46名。

39 刘易斯·芒福德（Lewis Mumford, 1895—1990）：美国著名城市规划理论家、历史学家。芒福德涉及技术史和技术哲学的论文和著作数量繁多，其中影响最大的有四部，除《技术与文明》外，还有《艺术与技术》（1952）、两卷本《机器的神话》《技术与人类发展》（1967）、《权力五角大楼》（1970）。他曾十余次获得重要的研究奖和学术创作奖，其中包括1961年获英国皇家建筑学金奖，1971年获莱昂纳多·达·芬奇奖章和1972年获美国国家文学奖章。

40 理查德·加特林（Richard Gatling, 1818—1903）：美国著名发明家、科学家、医生，机械式机枪顶级设计师。他发明的机关枪和高射炮使现代战争发生了巨大变化。

41 弗朗西斯科·佛朗哥（Francisco Franco, 1892—1975）：西班牙内战期间推翻民主共和国的民族主义军队领袖，西班牙国家元首，大元帅，西班牙首相。1936年发动西班牙内战，1939—1975年独裁统治西班牙长达30多年。

42 里奥·西拉德（Leo Szilard, 1898—1964）：美籍匈牙利核物理学家、美国芝加哥大学教授，曾参与美国曼哈顿计划，第二次世界大战后积极倡导核能的和平利用，反对使用核武器。

43 爱德华·威尔逊（Edward Wilson, 1929— ）：美国昆虫学家、博物学家和生物学家，美国国家科学院院士。1955年获哈佛大学生物学博士学位，同年开始在哈佛大学执教。长期致力于研究蚂蚁和其他群居性昆虫，尤其是蚂蚁通过信息素进行通信。有"生物社会学之父"之称。

44 托马斯·杰斐逊（Thomas Jefferson, 1743—1826）：美国第三任总统（任期1801—1809年），同时也是《美国独立宣言》主要起草人，美国开国元勋之一，与乔治·华盛顿、本杰明·富兰克林并称为美国开国三杰。除了政治事业外，杰斐逊同时也是农学、园艺学、建筑学、词源学、考古学、数学、密码学、测量学与古生物学等学科的专家；又身兼作家、律师与小提琴手；也是弗吉尼亚大学的创办人。许多人认为他是历任美国总统中智慧最高者。

45 ppm, 百万分比浓度。1 ppm=10^{-6}。

46 绿党（Green Party）：一个以绿色政治为诉求的国际政党。绿色政治有三个基本目标：和平主义、社会公义（许多绿党尤其强调原住民的权利）和环境保护。绿党支持者认为，实现绿色政治可以让世界更健康，他们往往为建立生态保护区付诸实际行动，反对建立在生态破坏上的经济发展策略。

47 哈姆雷特（Hamlet）：《哈姆雷特》（又名《王子复仇记》）中的主人公。该剧是莎士比亚的一部悲剧作品，主要讲述丹麦王子哈姆雷特为父报仇的故事。

48 亚瑟·克拉克（Arthur Clarke, 1917—2008）：英国科幻小说家。其科幻作品多以科学为依据，小说里的许多预测都已成现实。尤其是他对卫星通信的描写，与实际发展惊人地一致，地球同步卫星轨道因此被命名为"克拉克轨道"。作品包括《童年的终结》（1953）、《月尘飘落》（1961）、《来自天穹的声音》（1965）和《帝国大地》（1976）等。还与人合作拍摄富有创新的科幻片《2001年太空漫游》。与艾萨克·阿西莫夫（Isaac Asimov，1920—1992）、罗伯特·海因莱因（Robert Heinlein，1907—1988）并称为20世纪三大科幻小说家。

49 史蒂芬·霍金（Stephen Hawking, 1942—2018）：英国理论物理学家、宇宙学家及作家，剑桥大学理论宇宙学中心研究主任。他在科学上有许多贡献，包括与罗杰·彭罗斯共同合作提出在广义相对论框架内的彭罗斯–霍金奇性定理，以及他对关于黑洞会发出辐射（现称为霍金辐射）的理论性预测。霍金第一个提出由广义相对论和量子力学联合解释的宇宙论理论。他是量子力学的多元世界诠释的积极支持者。

50 詹姆斯·汉森（James Hansen, 1941— ）：美国气候学

家，哥伦比亚大学兼职教授。1981年起担任美国国家航空航天局戈达德航天飞行中心所长。1988年，汉森在美国国会听证会上向议员警示燃烧化石燃料等人类活动可能导致全球变暖风险，成为第一位拉响全球变暖警报的科学家，被尊为“全球变暖研究之父”。

51 马克·莱纳斯（Mark Lynas, 1973— ）：英国作家、记者和环保主义者，工作侧重于气候变化。

52 生态现代主义（ecomodernism）：一种环境哲学，它认为人类可以通过使用技术“解耦”自然界的人为影响来保护自然。生态现代主义是许多环境和设计学者、评论家、哲学家和活动家的思想流派。以生态为基础的现代主义是定义这一运动的最直接方式。

53 卢德主义（luddite）：19世纪英国民间对抗工业革命、反对纺织工业化的社会运动，现在泛指对新技术和新事物的盲目反抗。卢德主义出现于工业革命初期，那时候的工人对于大机器生产的出现认识不足，盲目地认为是大机器的出现使自己失业，于是憎恨和破坏这些新出现的机器设备，以换取就业。

54 迈克尔·法拉第（Michael Faraday, 1791—1867）：英国物理学家、化学家，也是著名的自学成才的科学家。法拉第首次发现了电磁感应现象，是人类第一个发电机发明者。

55 查尔斯·巴贝奇（Charles Babbage, 1792—1871）：英国发明家，科学管理的先驱者，曾就读于剑桥大学三一学院。巴贝奇在1812—1813年初次想到用机械来计算数学表；后来他制造了一台小型计算机，能进行某些8位数的数学运算。

56 艾达·洛芙莱斯（Ada Lovelace, 1815—1852）：英国著名诗人拜伦之女，数学家，计算机程序创始人。她提出了循环和子程序概念，被称为“第一位给计算机写程序的人”。

57 雅克·莫诺（Jacques Monod, 1910—1976）：法国分子生物学家。他与弗朗索瓦·雅各布（Francois Jacob, 1920—2013）共同发现了蛋白质在转录作用中所扮演的调节角色，两人因此与安德烈·利沃夫（André Lwoff, 1902—1994）共同获得1965年的诺贝尔生理学或医学奖。莫诺同时也是一位科学哲学作家与音乐家。

58 路德维希·玻尔兹曼（Ludwig Boltzmann, 1844—1906）：奥地利物理学家和哲学家。发展了通过原子的性质来解释和预测物质的物理性质的统计力学，完美地阐释了热力学第二定律。在统计学和自然哲学方面也建树颇多。分别在1885年和1888年被推选为奥地利皇家科学院院士和瑞典皇家科学院院士。他被葬于维也纳中央公墓，墓碑上镌刻着玻尔兹曼熵公式。

59 克劳德·香农（Claude Shannon, 1916—2001）：美国数学家、电子工程师和密码学家，被誉为信息论的创始人。1948年，香农发表了划时代的论文《通信的数学原理》，奠定了现代信息论的基础。香农还被认为是数字计算机理论和数字电路设计理论的创始人。1937年，21岁的香农是麻省理工学院的硕士研究生，他在其硕士论文中提出，将布尔代数应用于电子领域，能够构建并解决任何逻辑和数值关系，被誉为有史以来最具水平的硕士论文之一。第二次世界大战期间，香农为军事领域的密码分析——密码破译和保密通信做出了很大贡献。

60 西格蒙德·弗洛伊德（Sigmund Freud, 1856—1939）：奥地利精神病医师、心理学家，精神分析学派创始人。1930年被授予歌德奖，1936年成为英国皇家学会会员。他开创了潜意识研究的新领域，促进了动力心理学、人格心理学和变态心理学的发展，奠定了现代医学模式的新基础。

61 卡雷尔·恰佩克（Karel Čapek, 1890—1938）：捷克著名的剧作家和科幻文学家。1921年出版了《罗梭的万能机器人》（*Rossum's Universal Robots*），书中首次使用了机器人的英文"robota"（之后才改成robot）。

62 1码≈0.9米。

63 艾萨克·阿西莫夫（Isaac Asimov, 1920—1992）：美国科幻小说作家、科普作家、文学评论家，美国科幻小说黄金时代的代表人物之一。其作品中《基地系列》《银河帝国三部曲》和《机器人系列》三大系列被誉为"科幻圣经"。曾获代表科幻界最高荣誉的雨果奖和星云终身成就大师奖。小行星5020、《阿西莫夫科幻小说》杂志和两项阿西莫夫奖都是以他的名字命名。他提出的"机器人三定律"被称为"现代机器人学的基石"。

64 心灵感应（telepathy）：也被称作直觉、预感、第六感等，指两个人之间不用视觉、听觉、嗅觉、味觉、触觉这五种传统感觉，而用"第六感"来传递思维和感觉的信息。

65 理查德·费曼（Richard Feynman, 1918—1988）：美籍犹太裔物理学家，加州理工学院物理学教授，1965年获诺贝尔物理学奖。1942年参与秘密研制原子弹项目“曼哈顿计划”。被认为是爱因斯坦之后最睿智的理论物理学家，也是第一位提出纳米概念的人。

66 理查德·布劳提根（Richard Brautigan, 1935　1984）：美国现代小说家和诗人。曾经参加垮掉派的活动，主要诗歌作品收录在《搁大理石茶》《避孕药与春山矿难》和《请你种一本诗集》等书中。

67 洛厄尔·伍德（Lowell Wood Jr., 1941—）：美国天体物理学家，参与过战略防御计划和地球工程研究，曾任职于劳伦斯·利弗莫尔国家实验室和胡佛战争、革命与和平研究所，并主持美国国会电磁脉冲委员会。伍德于2015年6月30日超过了托马斯·爱迪生成为美国有史以来最多产的发明人。

68 1平方英里≈2.59平方千米。

69 奥利弗·莫顿（Oliver Morton, 1950—）：英国科学作家，编辑。国际多个著名杂志的撰稿人。曾主持英国著名刊物《自然》的新闻和专稿栏目。小行星10716以他的名字命名。

70 太阳形成后，周围的碎片逐渐膨胀，与其他碎片因为引力而相遇、聚合，形成其他星球。这里的太阳碎片其实就是指其他星球。

71 恩里科·费米（Enrico Fermi, 1901—1954）：美籍意大利裔物理学家，芝加哥大学物理学教授。他对量子力学、核物理、粒子物理以及统计力学都做出了杰出贡献，“曼哈顿计划”期间领导制造出世界首个核子反应堆（芝加哥 1 号堆），也是原子弹的设计师和缔造者之一，被誉为“原子能之父”。1938 年因研究由中子轰击产生的感生放射以及发现超铀元素而获诺贝尔物理学奖。

72 阿尔弗雷德·坦尼森（Alfred Tennyson, 1809—1892）：英国诗人，第一任坦尼森男爵，皇家学会会员。维多利亚女王统治时期的英国和爱尔兰的桂冠诗人。1829年，坦尼森凭借他的第一部作品《廷布图》（*Timbuktu*）被授予剑桥大学校长金质奖章。

73 托马斯·哈代（Thomas Hardy, 1840—1928）：英国作家，出生于农村没落贵族家庭。小说多以农村生活为背景。一生共出版 14 部长篇小说，有 7 部被列为英国小说中的伟大作品。

74 古列尔莫·马可尼（Guglielmo Marconi, 1874—1937）：意大利工程师，实用无线电报通信的创始人。1909 年获诺贝尔物理学奖。被称作“无线电之父”。

75 亚历山大·贝尔（Alexander Bell, 1847—1922）：发明家、企业家。出生于苏格兰爱丁堡，并在那里接受初等教育。1870年移民到加拿大，一年后移居美国。1882年加入美国国籍。他获得了世界上第一台可用的电话机的专利权，创建了贝尔电话公司（AT&T 公司的前身）。关于电话的发明者尚存争议，美国国会 2002 年 6 月 15 日判定意大利人安东尼奥·梅乌奇（Antonio Meucci, 1808—1889）为电话的发明者；加拿大国会则于 2002 年 6 月 21 日通过决议，重申贝尔是电话的发明者；另外一部分人则认为伊莱沙·格雷（Elisha Gray，1835—1901）是电话的发明者。

76 琳·马古利斯（Lynn Margulis, 1938—2011）：女，美国生物学家、美国国家科学院院士。从事细胞起源研究，提出共生理论，即细菌在活体细胞发展中起着主要作用。马古利斯关于生物学的整体观使她成为盖娅假说的支持者。

索　引

A

阿尔法围棋	AlphaGo	83
阿尔弗雷德·洛特卡	Alfred Lotka	21
埃隆·马斯克	Elon Musk	10, 121
爱的恩典	Loving Grace	109
爱因斯坦	Einstein	22, 107

B

巴黎气候变化大会	The Paris Conference on Climate Change	58
比特	Bit	92
并行处理	parallel processing	87, 97
波普尔	Popper	18

C

超级智能	hyperintelligence	129
超临界蒸汽	supercritical steam	68
超智能界	the Spheres	101
城市	city	22, 41, 49, 53

雏菊世界 Daisy World 14
传统科学观 conventional scientific view 17

D

大统一时期 the Grand Unification epoch 41
道格拉斯·亚当斯 Douglas Adams 25
地球 Earth 3, 7, 57, 110
地外文明 extraterrestrial civilization 3
电磁脉冲 electromagnetic pulse 120
电磁信号 electromagnetic signal 136
电子捕获探测器 electron capture detector 40
电子生命 electronic life 11, 106, 115

E

二叠纪大灭绝 the Permian extinction 8, 70
二甲基硫醚 dimethyl sulphide 65
二氧化碳 CO_2 5, 13, 59, 68

F

反馈回路 feedback loop 65, 69
放射性元素 radioactive element 49
弗兰克·蒂普勒 Frank Tipler 26, 130
傅里叶 Fourier 21
弗雷格 Frege 18

G

盖娅 Gaia 5, 16, 58, 110
盖娅理论 Gaia theory 16
高级智慧生物 highly intelligent species 3
哥白尼 Kopernik 3
工业革命 the Industrial Revolution 36, 74

光合作用	photosynthesis	41, 65, 92
硅基	silicon-based	68, 114
硅芯片	silicon chip	45
	H	
核能	nuclear power	48, 51
核武器	nuclear weapon	9, 48
恒星	star	4, 13, 129
化石燃料	fossil fuel	51, 65
火星	Mars	7, 9, 114
	J	
机器人	robot	95, 121
机器人三定律	three laws of robotics	99, 123
伽利略	Galileo	3, 19
间冰期	interglacial period	58
金发姑娘区	Goldilocks Zone	11
	K	
开普勒	Kepler	3
可居区	zone of habitability	11
	L	
垃圾信息	junk information	116
拉普拉斯	Laplace	21
冷却	cooling	65, 70, 112
量子理论	quantum theory	20, 28, 101
量子力学	quantum mechanics	30, 107
逻辑思维	logical thinking	20, 105
罗素	Russell	18
氯氟烃	chlorofluorocarbon	40, 73

M

玛丽·雪莱	Mary Shelley	8
曼弗雷德·克莱恩斯	Manfred Clynes	31
摩尔定律	Moore's Law	45, 88, 91

N

内森·克莱恩	Nathan Kline	31
牛顿	Newton	3, 20

P

庞加莱	Poincaré	21
喷气推进实验室	Jet Propulsion Laboratory	50
普朗克	Planck	21

Q

乔治·奥威尔	George Orwell	5
全球变暖	global warming	57, 61, 116

R

热能	heat	10, 36, 63
人工智能	artificial intelligence	87, 107, 123
人口增长	rising population	53
人类	human	3, 25, 57, 101
人类世	Anthropocene	32, 39, 71, 122
人择宇宙原则	anthropic cosmological principle	26, 79

S

赛博格	cyborg	31, 88, 101, 125
深度学习	deep learning	87
神经元	neuron	86
生命代码	the code of life	93
生态系统	ecosystem	21, 74, 104
生态现代主义	ecomodernism	72
嗜极微生物	extremophile	67, 111
数字技术	digital technology	88
水蒸气	vapour	65, 112
思维速度	speed of thought	114, 120
苏格拉底	Socrates	22

T

太空旅行	space travel	50
太阳	sun	4, 63, 110
太阳能	solar energy	5, 37
太阳系	solar system	9, 12, 50

W

外星人	alien	3, 56, 128
威廉・戈尔丁	William Golding	14
维特根斯坦	Wittgenstein	18, 101
温度	temperature	5, 13, 64, 110
温室气体	greenhouse gas	13, 76
温室效应	greenhouse effect	5, 13, 65
无机生命	inorganic beings	32, 126
无人探测飞船	unmanned expedition	9

X

系外行星	exoplanet	11
线性逻辑思维	linear logic	98
小行星撞击	asteroid strike	7, 62
心灵感应	telepathic	105
新电子生物圈	new electronic biosphere	104
新星世	Novacene	32, 87, 109

Y

亚里士多德	Aristotle	18
意识	consciousness	128
有机生命	organic life	11, 90
有意选择	intentional selection	45, 91
宇宙	Cosmos	3, 93, 128
语言	language	15, 104
约翰·巴罗	John Barrow	26

Z

詹姆斯·麦克斯韦	James Maxwell	18
詹姆斯·瓦特	James Watt	17, 74
蒸汽动力泵	steam-powered pump	36
蒸汽机	steam engine	17, 36, 122
直觉思维	intuitive thinking	15, 21, 97
智慧生物	understander	7, 27, 129
智能生命	intelligent beings	11, 27, 31
智能宇宙	intelligent universe	130
智人	*Homo sapiens*	3, 40
主序星	main sequence star	4, 14, 110
自动驾驶仪	autopilot	118
自然选择	natural selection	4, 45, 74, 102
自适应神经网络系统	adaptive neural network	119

图字：01-2020-2747 号

Novacene: The Coming Age of Hyperintelligence, first published in Great Britain in the English language by Penguin Books Ltd. in 2019.

英文版由企鹅图书首印于英国。

图书在版编目（CIP）数据

新星世：即将到来的超智能时代 / (英) 詹姆斯·拉伍洛克 (James Lovelock) 著；古滨河译. -- 北京：高等教育出版社, 2021.2

书名原文: Novacene: The Coming Age of Hyperintelligence

ISBN 978-7-04-055190-7

Ⅰ. ①新… Ⅱ. ①詹… ②古… Ⅲ. ①生命科学-未来学 Ⅳ. ①Q1

中国版本图书馆CIP数据核字(2020)第201599号

新星世：即将到来的超智能时代

XINXINGSHI
JIJIANG DAOLAI DE
CHAOZHINENG SHIDAI

出版发行 高等教育出版社
社　　址 北京市西城区德外大街4号
邮政编码 100120
印　　刷 北京中科印刷有限公司
开　　本 850mm × 1168mm 1/32
印　　张 5.75
字　　数 90千字
购书热线 010-58581118
咨询电话 400-810-0598
网　　址 http://www.hep.edu.cn
　　　　 http://www.hep.com.cn
网上订购 http://www.hepmall.com.cn
　　　　 http://www.hepmall.com
　　　　 http://www.hepmall.cn
版　　次 2021年2月第1版
印　　次 2021年2月第1次印刷
定　　价 49.00元

策划编辑 李冰祥 殷 鸽
责任编辑 殷 鸽 李冰祥
书籍设计 赵 阳
责任校对 王 雨
责任印制 赵义民

物 料 号 55190-00